武志红主编

可以让你变得更好的心理学书

自卑与超越

[奥] 阿尔弗雷德·阿德勒 (Alfred Adler) 著
李荣 译

What Life Could Mean to You

[名家导读版]

中华工商联合出版社

图书在版编目（CIP）数据

自卑与超越：名家导读版 / (奥) 阿尔弗雷德·阿德勒著；李荣译.
-- 北京：中华工商联合出版社, 2018.7（可以让你变得更好的心理学书）
ISBN 978-7-5158-2337-9

Ⅰ. ①自… Ⅱ. ①阿… ②李… Ⅲ. ①个性心理学 Ⅳ. ①B848

中国版本图书馆CIP数据核字(2018)第116636号

自卑与超越：名家导读版
What Life Could Mean to You

作　　者：[奥]阿尔弗雷德·阿德勒
译　　者：李　荣
责任编辑：于建廷　效慧辉
封面设计：门乃婷
内文设计：季　群　涂依一
责任印制：迈致红
出版发行：中华工商联合出版社有限责任公司
印　　刷：北京中科印刷有限公司
版　　次：2018年11月第1版
印　　次：2021年7月第3次印刷
开　　本：640mm × 960mm　1/16
字　　数：250千字
印　　张：19.5
书　　号：ISBN 978-7-5158-2337-9
定　　价：42.00元

服务热线：010—58301130
销售热线：010—58302813
地址邮编：北京市西城区西环广场A座
19—20层，100044
http：//www.chgslcbs.cn
E-mail：cicap1202@sina.com (营销中心)
E-mail：gslzbs@sina.com（总编室）

一本好书，一个灯塔

| 武志红 |

今年，我 44 岁，出版了十几本书，写的文章字数近 400 万字。并且，作为一名心理学专业人士，我也形成了对人性的一个系统认识。

我还可以夸口的是，我跳入过潜意识的深渊，又安然返回。

在跳入的过程中，我体验到“你注视着深渊，深渊也注视着你”这句话中的危险之意。

同时，这个过程中，我也体验到，当彻底松手，坦然坠入深渊后，那是一个何等美妙的过程。

当然，最美妙的，是深渊最深处藏着的存在之美。

虽然拥有了这样一些精神财富，但我也知道苏格拉底说的“无知”之意，我并不敢说我掌握了真理。

我还是美国催眠大师米尔顿·艾瑞克森的徒孙，我的催眠老师，是艾瑞克森最得意的弟子斯蒂芬·吉利根，我知道，艾瑞克森做催眠治疗时从来都抱有一个基本态度——“我不知道”。

只有由衷地带着这个前提，催眠师才能将被催眠者带入到潜意识深处。

所以我也会告诫自己说，不管你形成了什么样的关于人性的认识体系，都不要固着在那里。

不过，同时我也不谦虚地说，我觉得我的确形成了一些很有层次的认识，关于人性，关于人是怎么一回事。

然后，再回头看自己过去的人生时，我知道，我在太长的时间里，都是在迷路中，甚至都不叫迷路，而应该说是懵懂，即，根本不知道人性是怎么回事，自己是怎么回事，简直像瞎子一样，在悬崖边走路。

我特别喜欢的一张图片是，一位健硕的裸男，手里拿着一盏灯在前行，可一个天使用双手蒙上了他的眼睛。

对此，我的理解是，很多时候，当我们觉得“真理之灯”在手，自信满满地前行时，很可能，我们的眼睛是瞎的，你走的路，也是错的。

在北京大学读本科时，曾对一个哥们儿说，如果中国人都是我们这种素质，那这个国家会大有希望。现在想起这句话觉得汗颜，因为如果大家都是我的那种心智水平，肯定是整个社会一团糟。

这种自恋，就是那个蒙上裸男眼睛的天使吧。

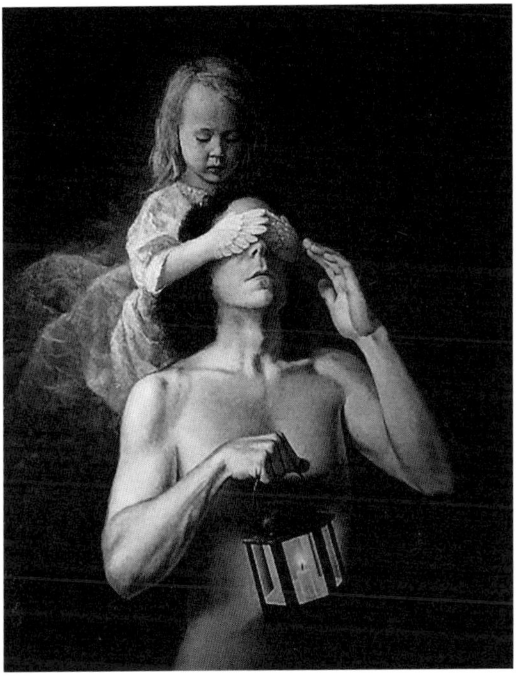

© 2006 Steven Kenny

所幸的是，这个世界上有各种各样的好书，它们打开了我的智慧之眼。

一直以来，对我影响最重要的一本书，是马丁·布伯的《我与你》。

我现在还记得，我是在北大图书馆借书时，翻那些有借书卡的木柜子，很偶然地看到了这个书名《我与你》，莫名地被触动，于是借阅了这本书。

这对我应该是个里程碑的事件，所以记忆深刻，打开这个柜子抽屉的情形和感觉，现在还非常清晰，好像就发生在昨天。

这一本书对我触动极大，胜过我在北大心理学系读的许多课程，我当时很喜欢做读书笔记，而且当时没有电脑，都是写在纸质的笔记本上。我写了满满的一本子读书笔记，可一次拿这个本子占座，弄丢了，当时心疼得不得了。

不过，本子虽然丢了，但智慧和灵性的种子却种在了我心里，后来，每当我感觉自己身处心灵的迷宫时，我都会想起这本书的内容，它就像灯塔一样，指引着我，让我不容易迷路。

那些真正的好书，就该有这一功能。

在《广州日报》写心理专栏时，我开辟了一个栏目“每周一书”，尽可能做到每周推荐一本心理学书，专栏后来有了一定的影响力，常有读者说，看到你推荐一本书，得赶紧在网上下单，要是几天后再下单，就买不到了。

特别是《我与你》这本书，本来是很艰涩的哲学书，也因为我一再推荐，而一再买断货，相当长时间里，一书难求。

现在，我和正清远流文化公司的涂道坤先生一起来策划一套书，希望这套书，都能有灯塔的这种感觉。

我和涂先生结缘于多年前，那时候涂先生刚引进了斯科特·派克的《少有人走的路》。很多读者在读完后，都说这是一本让人振聋发聩的好书，然而在当时，知道它的人很少。我在专栏上极力推荐这本书，随即销量渐渐好了起来，成为了至今为人称道的畅销书。然而，那时我和涂先生并不认识，直到去年我们才见面相识，发现很多理念十分契合，说起这件往事，也更觉得有缘，于是便有了一起策划丛书的念头。

我们策划的这套丛书，以心理学的书籍为主，都是严肃读物，但它们都有一个共同点：作为普通读者，只要你用心去读，基本都能读懂。

并且，读懂这些书，会有一个效果：你的心性会变得越来越好。

同时，这些书还有一个共同点：它们都不会说，要束缚你自己，不要放纵你的欲望，不要自私，而要成为一个利他、对社会有用的人……

假如一本书总是在强调这些，那它很可能会将你引入更深的迷宫。

我们选的这些书，都对你这个人具有无上的尊重。

因为，你是最宝贵的。

我特别喜欢现代舞创始人玛莎·格雷厄姆的一段话：

有股活力、生命力、能量由你而实现，从古至今只有一个你，这份表达独一无二。如果你卡住了，它便失去了，再也无法以其他方式存在。世界会失掉它。它有多好或与他人比起来如何，与你无关。保持通道开放才是你的事。

每个人都在保护自己的主体感，并试着在用各种各样的方式，活出自己的主体感。只有当确保这个基础时，一个人才愿意敞开自己，否则，一个人就会关闭自己。

人性的迷宫，人生的迷途，都和以上这一条规律有关，而一本好书，一本好的心理学书籍，会在各种程度上持有以上这条规律，视其为基本原则。

可以说，我们选择的这些书，都不会让你失去自己。

一本这样的好书，都建立在一个前提之上——这本书的作者，他在相当程度上活出了自己，当做到这一点后，他的写作，就算再严肃，都不会是教科书一般的枯燥无味。

这样的作者，他的文字中，会有感觉之水流，会有电闪雷鸣，会有清风和青草的香味……

总之，这是他们真正用心写出的文字。

每一个活出了自己的人，都是尚走在迷宫中的我们的榜样，而书是一种可以穿越时间和空间的东西，我们可以借由一本好书，和一位作者对话，而那些你喜欢的作者，他们的文字会进入你心中，照亮你自己，甚至成为你的灯塔。

愿我们的这套丛书，能起到这样的作用：

帮助你更好地成为自己，而不是教你成为更好的自己，因为你的真我，本质上就是最好的。

不在合作中超越，就在自卑中沉沦

| 武志红 |

作为精神分析学大家，特别是，作为第一个挑战“精神分析之父”弗洛伊德的人，阿德勒的这本《自卑与超越》就是他的代表作，影响深远。

不过，很多人读完这本书后却不免困惑，不明白书名为什么会译成《自卑与超越》，因为书中直接讲述自卑的内容并不多，而且无论是德文原版，还是英文译本，其书名翻译过来都是“生命对你的意义”，似乎与自卑也没有太大关系。

我们就从这个让人困惑的书名下手，用四个关键词，读懂《自卑与超越》的内在逻辑。

自卑感

第一个关键词，是自卑感。

所有人都有不同程度的自卑感，或因为身高、体态，或因为能力、性格和家庭，或者是不能言说的莫名原因。

我朋友的女儿在北京一所知名的小学读书，一天，她班上新来了一位舞蹈特长生，是个漂亮的混血女孩。

朋友的女儿回到家后说："爸爸，我跟那个新同学站在一起时，感到难为情。"

一开始朋友还不明白女儿口中的"难为情"是什么意思，后来仔细一琢磨，发现其实就是自卑感。

因为容貌上不如对方漂亮，所以女儿感到了自卑，但有意思的是，后来他们得知，那位漂亮的混血女孩也是自卑的，因为她的成绩不太好。

在现实生活中，每个人都有局限，所以每个人也都会有自卑感。阿德勒说，人类背负着三大约束，这三大约束如同人生的三大枷锁。第一大约束，我们只能居住在小小的地球上，我们的发展必然会受到环境的限制；第二大约束，我们是地球上最弱小的居住者，没有狮子和大猩猩那样强壮，也不能像其他动物一样能够独自解决生存问题；第三大约束，人类是由男女两性构成的，男性离不开女性，女性也离不开男性。

阿德勒认为，这三大约束，其实就是人类自卑感的源头。

自卑感是看见自己的弱点和缺陷之后，感受到的一种扎心的痛，表现形式多种多样。本书中有一个例子，有三个孩子第一次去动物园，当他们站在狮子笼前时，一个孩子躲在母亲的裙子后面说：“我想回家。”第二个孩子站在原地，脸色苍白抖个不停，说：“我一点儿也不害怕。”第三个毫无惧色地盯着狮子，问他母亲：“我可以朝它吐口水吗？”

这三个孩子都感觉到了自己的弱小，可以说都有了自卑感，但是他们的表现方式完全不同。第一个孩子的反应是急欲逃离；第二个孩子的反应是绝不承认；第三个孩子则想通过挑衅狮子，装出强大的样子。

我们该怎么看待自卑感？阿德勒认为，有自卑感并不是一件坏事，人类文明正是一次次战胜自卑感后的成果。如果我们能够通过自卑感看见自己的弱点和缺陷，并想方设法弥补，这个弥补的过程，也将成为文明创建的过程。就比如由于身体不如很多动物强壮，难抵寒冷，于是人类学会了修建房屋、制作衣服。

但自卑感也容易将人淹没，如果我们不能从中走出来，就会让内心乃至整个生活陷入危机。而这本书最大的意义，就在于能够帮助我们走出自卑。

优越感

第二个关键词，是优越感。

自卑感会给人带来心理压力，没有人能够长期活在自卑感中，人们会进行突围，去获得一种优越感，以达到心理的平衡。

如果说自卑感是一种“觉得自己比别人低下”的感觉，那么优越感就是“觉得自己高人一等”。当然，不管是自卑感还是优越感，都只是一种心理上的感觉，并不一定代表实际中的低微或高级。

人只要感到自卑，就会不遗余力去追求优越感，这是人的本性，也是阿德勒个体心理学的基石。

追求优越感有两种方式，一种是在幻想中确立优越感，这看似是一条捷径，能够快速让人达到心理平衡，实际上却会将人引向歧途。比如，看到一个某方面强于我们的人，我们在自卑之后，往往会通过嘲笑、打击和贬低对方，在心理上寻求一种优越感，实现心理的平衡。

鲁迅笔下的阿Q，就是用这种方式追求优越感的典型。阿Q生活在社会底层，住在破败的土谷祠里，靠给人打短工维生，没有朋友，也没有人看得起他。这种生活状态下，他的内心是极度自卑的，但越是自卑感强烈的人，越容易采取错误的方式求得优越感。

阿Q主要是通过幻想获得优越感的，这就是有名的“精神胜利法”。比如他在挨打之后，会说:“就算是儿子打老子。”虽然在现实中，他被打得像孙子，卑微到了尘埃里，但他却在自己的想法中当上了老子。事实上，阿Q在自卑的深渊中还能够活下来，靠的就是这种方式。但这种方式毕竟是虚幻的，并不能改变引发他自卑的现状，他每一次在幻想中体会优越，都让自己与现实更加脱节。

此外，阿Q还有一种获得优越感的途径，就是欺负比自己弱小的人。比如他欺负小尼姑，从对方身上获得优越感。

即使到了今天，这种获得优越感的方式，也十分普遍。震惊一时的“昆山反杀案”中，“龙哥”的人生就是一个寻求优越感的过程。他在北京犯过事，后转到昆山混江湖，他人生的后18年中，有一半时间是在蹲监狱，并且大部分罪名都与伤害别人有关。从心理学角度看，他是在以伤害别人的方式获得优越感。

而他获取优越感的方式不仅于此，他身上图案夸张的文身，他在冲突中采取的行动，也都是为了实现这一目标。通常来说，一个人如果在讲话时伴有幅度很大的肢体动作，很可能源于这样的心理:“如果我不这样，大家不会把我说的当回事儿。”而“龙哥”用砍刀连续击打骑车人，正是为了通过这样的“大动作”确立优越感，让对方见识自己的厉害。

阿德勒说:“每一个看似高人一等的表现背后，都藏着自卑感。”

追求优越感本身没有问题，但问题在于追求的方式。在《恐惧给你的礼物》中，罪犯巴多的故事给我留下了深刻的印象。巴多入狱前，每天在一家汽车餐厅的后厨打扫卫生，他没有朋友，默默无名，是一个极其自卑的人。为了摆脱自卑，他想到了让自己出名，以此获得人们的关注，而他能想出的出名方式，就是杀死一个名人。最终，他残忍地杀害了好莱坞女明星丽贝卡。对于这种以扭曲的方式追求优越感的人来说，他宁愿被惩罚，也不愿意被忽视。

每一个人都在追求着某种优越感，而正常人与罪犯的不同之处，就在于追求的方式。

社会感

第三个关键词，是社会感。

想要理解社会感，我们必须先解释一个与其紧密相连的词，那就是——合作。

合作，就是在人与人之间建立关系。当人们能够紧密有序地合作时，便构成了社会。对于个体来说，只有在合作中才能克服自卑感。而只有在拥有了社会感之后，才能获得真正的优越感，这是除了幻想与欺压弱小外，人们追求优越感所采取的另一种方式，也是唯一正确的方式。

如果说自卑的根源是找不到自己的位置，那么在合作中体会到的优越感，则能让人们实现自我定位。

《假如给我三天光明》的作者海伦·凯勒不到两岁时，就失去视力和听力。这种缺陷本身就是命运的一记重击，而父母因为她身体缺陷而无条件溺爱，更是让她脾气一度乖张暴戾。幸运的是，她遇到了家庭教师莎莉文。海伦和莎莉文建立起了一种全新的关系，那是一种彼此信任的关系，她们为了拓展海伦生命的可能性而展开合作。海伦因此挖掘出了自己在语言与文学上的才能，找到了无上的优越感和全新的自我定位。

真正的优越感始终与自我同在，而合作，则给了自我展现的机会。

在合作中追求优越感，为人类文明的推进提供了源源动力。人的一生，都是依照着追求优越感这条伟大路线进行的。我们的奋斗，其目标就是为了从卑微提升为优越，从失败提升至成功，从底层提升至上层，这种奋斗从儿童时代开始，一直持续到生命终结。

学会合作，为我们的优越感之路提供了正确的奋斗方法，其影响会波及一生。那些没能学会合作的孩子，成年后无法充分发展自身的智力和能力，他们无法理解周围的人和整个世界，很容易成为神经症患者、酗酒者、罪犯或自杀者。在《我们内心的冲突》中，卡伦·霍妮介绍了神经症的三种人格：隔离型、攻击型和讨好型。隔离型人格害怕合作，离群索居，只有在独处时才感到安全。攻击型人格不懂合作，认为人生是一个角斗场，不是你死，就是我死。讨好型人格只会讨好，不会合作，在需要他们合作完成任务时，他们只会依附于你，帮不了任何忙。可以说，所有生活失败的人，最常见的共同之处就是合作能力极低。

反之，培养孩子的合作精神，是唯一能够杜绝培养出神经症人格的方法。我们都活在社会中，通过合作来体会社会感，这不仅满足了我们对于优越感的需求，还让我们得以找到了生命的意义。

意义感

第四个关键词，是意义感。这也是这本书中最重要的内容。

当一个人在合作中将生命展开，成为真实的自己之后，他也就给自己的生命赋予了意义。

阿德勒认为，纯粹的个人，实际上是无意义的。意义只有在通过交流被人共享时，才能称之为真正的意义。唯一的意义，就是能对他人产生意义。每个人都想印证自己的价值，但个人价值必须建立在对他人有所贡献的基础上。

正如诗人泰戈尔所说："我们只有献出生命，才能得到生命。"如果我们不能在合作中倾注自己的情感和心血，我们所有的目标和奋斗，所有的思想和灵魂，都将毫无意义。我们必须对自己之外的世界感兴趣，必须要让自己的生命充满意义。

生命的意义带给人类最直接的感受，就是获得归属感。一个缺乏归属感的人，神情通常是猥琐和空虚的。而一个拥有归属感的人，则能实现生命的充实和饱满。

最后，我们不妨再梳理一下从自卑走向超越的路线图。

一，我们都会有自卑感。人们无法长期忍受低人一等的感受，所以会想从自卑感中突围。

二，为了消除自卑，人们会努力获取优越感，让心理实现平衡。而追求优越感错误的方法，是幻想和打击别人，以扭曲的方式掩盖自卑。

三，唯一正确获取优越感的方式，是在与人合作中找到自己的定位，在学校、职场和社会等各种关系中，将生命充分展开。

四，我们都活在“意义”的世界中，唯有对他人有所贡献的意义，才能让我们感受到最深刻的存在，获得真正的超越。

目录

CONTENTS

第一章
生命的意义

生命的三大任务 004

社会感 007

童年经历和人格的形成 011

第二章
精神和肉体

精神和肉体的互动 026

感知的作用 035

心理特征和身体类型 043

第三章
自卑感与优越感

自卑情结 048

优越感目标 055

第四章
早期记忆

理解人格的关键 068
早期记忆和生活方式 071
分析初始记忆 073

第五章
梦境

对梦的早期理解 090
弗洛伊德派的释梦观 092
个体心理学的释梦观 094
典型的梦 104
案例研究 105

第六章
家庭影响

母亲的角色 116
父亲的角色 124
关注和忽视 133

孩子间的平等 136

家庭格局 137

第七章
学校的影响

教育的改革 150

老师的角色 151

教室里的合作和竞争 156

儿童发展的评估 158

先天和后天 160

识别人格类型 163

关于教学的几点观察 167

咨询委员会 170

第八章
青春期

什么是青春期 174

成年带来的挑战 176

某些青春期问题 178

性别意识和性意识 184

对青春期的期望 188

第九章

犯罪和预防

了解犯罪心理 192

犯罪类型 203

合作的重要性 211

合作能力的早期发展影响 216

解决犯罪问题的方法 220

第十章

职业

如何平衡生命的三大任务 232

早期培养 235

培育天才 239

识别孩子的兴趣 240

对职业选择的影响 244

解决方法 245

第十一章

个体和社会

人类对团结的追求 248

缺乏社会兴趣和社会联结 251

社会兴趣和社会平等 258

第十二章
爱情和婚姻

爱情、合作和社会兴趣的重要性 262
为婚姻做出的准备 266
婚姻中的承诺和责任 272
恋爱追求 277
经营婚姻 278
婚姻以及男女平等 284

生命的意义

What Life Could Mean to You

第一章

我们生活在“意义”的世界里。

我们对世界的认识，并非是个抽象的概念，而是从人类自己的角度出发的。事物对于我们具有的意义，决定了我们对于事物的认识。比如对人类而言，“木头”是“和人类生活有关的木头”，“石头”是“作为人类所需物质资料的石头”。如果一个人试图脱离意义而存在，他必然会被孤立，命运会很悲惨，因为他的一切举动，无论是对自己还是别人，都没有存在的价值。每个人的生存都离不开意义，我们通过自己赋予现实的意义来认识现实，可以说，我们认识到的并非是现实本身，而是经过我们的主观认知解释过的现实。当然，我们赋予事物的意义或多或少是不充分、不完整的，甚至可以说，这些意义是不完全正确的。倘若从这个角度说，由“意义”构建的世界，也是个充满谬误的世界。

如果问一个人：“生命的意义是什么？”他很可能不知道怎么回答。大多数情况下，人们不会为这个问题烦恼，也不会偏要自己思索出一个答案。尽管，这问题的存在几乎和人类历史一样长，尽管到了我们这个时代，也依然能听到一些不同年龄的人发出痛苦的追问：“人活着是为了什么？生命的意义究竟在哪里？”但这通常是因为他们遭遇了挫折。当人生活在顺境中，没有经历生活的艰难困苦时，这个问题就不会被宣之于口。不过，这个问题却是全人类必须面对的，我们每个人其实都用行动提出过这个问题，也都用行动做了回答。如果观察一个人的行动，而不是只关注他的语言，就能发现他早就对“生命的意义”有了自己独特的认知，他的举止、动作、仪态、态度、表情、爱好、习惯和性格，都会与这意义相吻合。每个人的行动，都表达着自己对于生命的理解，并凭借这种理解而活。我们先对自己和外部世界进行总结，得出了“我是这样”“世界是那样”的结论，然后将之贯穿在行动之中，从而赋予了自己与世界的意义。

有多少人，就有多少种对生活的理解。个体赋予生命的意义各不相同，而且正如前面所说的，每种生命的意义也或多或少存在着谬误，没有哪一种是绝对正确或绝对错误的。凡是能对人类有所裨益的意义，都不能算是完全错误的意义，它们处于极端正确与极端错误之间的地带。而我们可以做的，就是分辨出哪些属于错误重大、哪些程度较轻，哪些效果更明显、哪些难以见效。

由此，我们能看清那些较好的、见效的意义有着怎样的共性，而糟糕的、无效的意义又有着怎样的缺陷。在这样的基础上，我们可以获得一种衡量事物的共同标准，形成普遍性的真理，并以此解决关乎人类的现实问题。必须重申的是，“真理”是针对人类而言的，是针对人类行动的目标与过程而言的。在此范围外，并不存在真理。即使存在着另外的真理，但因为它和人类无关，我们永远无法了解它，所以它也就毫无意义。

生命的三大任务

每个人想要生存，都必须受到三种约束，它们如同人生的三大枷锁。我们要重视这三种约束，因为正是它们构成了现实世界，并衍生出了人类的所有问题。为了生存，我们只能被迫应答并解决这些问题，而我们给出的答案，则揭示了我们每个人对于生活意义的认知。

第一种约束，来自于我们的生态环境。我们都居住在资源有限的地球之上，我们的生存和发展，必然要受制于自然环境，要依赖地球提供资源才能实现。而人类想在地球上繁衍生息下去，除了善待外界的生态环境外，还必须在身心方面有所发展，这是每个人类都无法逃避的课题。我们的一切行为，都是在对人类的生存状况做出解答，我们从中界定出什么对人类而言是必需的、合适的、能实现的以及值得追求的。所有答案都必须基于同一个基础，那就是：我们人类，是居住在地球上的生物。

人类具有局限性，并且会因这局限给自己带来危险，因此我们必须明白，无论是为了个体的生存，还是全人类的延续，我们都应该让每个答案相互关联，并关乎未来。这类似于解数学题，我们能做的唯有竭尽所能、坚持不懈地工作，不能依靠猜测，不能指望好运。尽管我们无法保证答案是完美的，也不能指望一个答案就解决全部难题，但我们总会尽可能地寻找最佳答案。而最佳答案必然是以“我们依赖有限的地球资源”为前提，也必然要让人类在自己的优势与劣势之间获得生存。

现在我们来探讨第二种约束，也就是我们和他人的关系。我们都不是唯一的人类，而是生活在群体之中，身边总会有他人存在。每个人都有着弱点和局限，谁都不可能靠一己之力实现所有目标。一个人如果离群索居，只想靠自己就解决生存问题，他必然会走向灭亡——他不仅无法保持个体的存活，也无法延续人类的生命。正因为每个人都是有弱点、缺陷和局限性的，所以才要和他人产生交集，才要和他人有所联系。实现个人幸福和人类福祉最重要的一步，就是与他人建立联系。基于此，我们对现实问题的每一个回答，都必须依据这一事实——我们生活在群体之中，如果我们独自生活，将会灭亡。如果我们想延续个人的生命及全人类的命脉，就需要彼此间达成合作，这是人类最重要的命题，我们的情感与心理都必须和它达成共鸣。

我们还要受到第三种约束：人类生活在两性世界里。个体和群体的生命想要延续，这是必须考虑的问题。任何男女都会经历这个问题，爱情与婚姻的存在，也正体现了这种约束。一个人在面对这个问题时秉持的态度和采取的行动，也就成了自己对这问题的回答。人们给出的答案不胜枚举，但都认为自己的那个才是最佳。

以上三种约束，也为我们设置出了生命的三大任务：在有限的地球资源下，人类应该做些什么，才能永久生存？在群体中如何定位自己，才能与他人达成合作，并互利互惠？如何调整自己，才能适应“人分两性”和“人类的延续取决于两性关系”的客观事实？

个体心理学发现，人类的一切问题归根结底都可归入这三个任务：职业、社交、两性。每个人达成这三个任务的方式，也能深刻而精准地揭示出他对生命意义的认识。假如一个人的爱情生活不如意，工作受挫，没有朋友，也不愿与人交际，从他给自己设置的局限和制约来看，可以推测：他必定认为生活中危机四伏，缺少机会，活着是一件困难又危险的事。他的生命空间被限制在一个狭窄的范围内，并会产生出这样一种认知：“所谓生活，就是用护栏把自己围起来，毫发无损地逃避现实。”

假如一个人的感情和谐美满，在工作上有所建树，朋友多，人际关系好，我们也可以得出这样的结论：在他看来，生活是充满创造性的过程，遍地机会，任何困难都能攻克。这种对于生活的勇气，反映出这样一种认知：“所谓生活，意味着关心他人，成为社会的一部分，并对人类做出贡献。”

社会感

在此，我们可以找到各种错误“生活意义”的共同之处，以及各种正确“生活意义”的一致之点。所有生活失败的人——神经症患者、精神错乱者、罪犯、酗酒者、问题儿童、自杀者、性欲倒错者和妓女——他们之所以失败，是因为缺乏社会兴趣，也没有归属感。他们面对职业、社交以及异性时缺乏信心，认为无法通过与人合作解决自身问题。他们认为生活的意义，完全是以个人意义为中心的；认为人们无法实现互惠互利。他们只对自己的利益感兴趣；他们的目标，仅仅是为了获得浮夸的优越感，他们的成功只对自己有意义。

有杀人犯坦言，手握武器让自己有种权力感，但很显然，他这只是在借机确定自己的重要性，对其余的正常人而言，武器并不能带来更高的自我价值。纯粹的个人意义，实际上不具备意义，意义只有在通过交流被人共享时，才能称之为真正的意义。一个只对某个人有意义的词语，毫无意义可言，人类的目标及行为也是如此，唯一的意义，就是能对他人产生意义。每个人都想印证自己的价值，但个人价值必须建立在对他人有所贡献的基础上，如果没能认识到这一点，就难免犯下错误。

讲一桩关于某个小宗教派别领袖的逸事。一天，这位领袖将信徒们召集到一起，告诉他们世界末日会在下周三到来。信徒们深信不疑，纷纷变卖家产，抛掉所有身外之物和尘俗牵挂，紧张地等着预言成真。然而，下个周三到了，什么都没发生。星期四的时候，他们愤怒地聚集在一起，想要讨一个说法。“看看你给我们带来的麻烦吧，”他们抱怨着，“我们丢掉了所有的生活保障，见人就宣扬周三是世界末日，面对别人的嘲笑，我们还反复声明，自己是从权威那里得到的消息，绝对可靠。但周三已经过去了，世界依然一切照旧。”

领袖却这么为自己辩解：“我说的周三，和你们以为的周三并不一样。”她用一件只对自己有意义的事情，来反驳别人的质疑，但个人的意义是永远无法被公众分享和验证的。

所有正确的“生命意义”也有其标准，那就是能形成共同的意义——即其他人也可以分享并普遍接受的意义。比如某个解决问题的方法，对他人起到了范例的作用，人们从中获得了解决自身问题的启示。

衡量才能时也必须如此，只有具备了某种人们一致认可的才干，才能称为“天才”。由此可见，“对人类有所贡献”是人们普遍认同的生命意义。这里说的意义不是只喊喊豪言壮语，真正的成就比口头上的标榜重要得多。一个成功完成了生命三大任务的人，也用自己的行动检验了这一观念：生命的意义，在于关心他人及协同合作。他所做的任何事，都符合人类的群居本性，都以社会中其他人的利益为导向，他会克服万难，一往无前，但绝不会采取损害他人的方法。

也许对很多人来说，这个观点太过奇特。他们会怀疑，自己被赋予生命是否就是为了贡献、关心他人以及与人合作。也许他们会问："个人又该被置于何地呢？如果总是在为别人的利益做奉献，我自己的利益不会受到损害吗？至少对于某些人来说，想要生存下去，就必须优先为自己着想。人们应该先学会保护自己的利益，强化自己的人格，难道不是这样吗？"

我认为，这种观点不仅错误，而且提出的问题也都是伪命题。如果一个人在赋予生命意义的时候，所希望的是自己能做出一份贡献，并且，他所有的热情也都倾注于此的话，他自然会努力塑造出最好的自己，来让自己具备做贡献所必需的素质和能力。他将会让自己足以胜任目标，将会培养自己的使命感和社会感，并在实践中提升自己的才能。可以说，当目标确立后，个人的自我培养便会随之展开。假以时日，他将有能力实现生命的三大任务，由此全面完善自己。

为了说明这一点，让我们拿婚姻做个例子。如果我们重视伴侣的利益，如果我们真心希望伴侣拥有舒适美好的生活，我们自然会为了实现这一目标，而尽可能地提升自己。如果我们只根据自己的意愿去发展，而没有任何奉献他人的意图，我们就等于在把自己变成一个无知自大、让人厌烦的人。

还有一个例子也能让我们明白，正确的生活意义必须建立在贡献和合作的基础上。我们的祖先给我们留下了众多遗产，这些遗产全部都是他们对人类做出的贡献。从被开垦的土地、修建好的道路和建筑，到他们用毕生经验和智慧而总结出的传统、科学、哲学、艺术、技术，他们将这些传授给我们，帮助我们应对人类的处境。这些遗产，正是因为对人类福祉有所贡献，所以才得以世代流传。

与之相比，另一些人的结果如何呢？那些从未与他人合作，认为生活的意义只在于“我能得到些什么好处”的人，他们的结果又是怎样？当他们生命终结，未曾留下任何痕迹。他们不仅仅肉身死去，整个人生也成为空洞。就连我们生活的星球，都似乎在对他们表达着嫌恶：“我不需要你。你的生命没有价值，你的目标和奋斗、你所谓的价值、你的思想和灵魂，都毫无意义。带着你的一切就此消失吧！所有和你一样拒绝贡献与合作的人，都将被这样的对待！”当然，在我们如今的文化中，纯粹的利己主义已经不再多见，但仍然会不时地露出苗头。每当这种情况发生，我们必须改变它，但改变的目的，必须是为了人类更深远的福祉。

总有那么一些人，他们深谙这一道理，他们信奉生命的意义在于造福人类，他们努力培养自己的社会兴趣，并关怀他人。

社会兴趣，是指一个人在群体中的归属感，和他在群体生活中所愿承担的责任。这是人类在心理健康和适应社会能力方面的重要标志，一个人的社会兴趣越高，他的自卑感就越低。不过，社会兴趣并不是与生俱来的，而需要后天的培养。

在所有宗教中，我们都能看见人们在社会兴趣的作用下，焕发出拯救人类的博爱情怀。世界上所有伟大的运动，也都致力于提升人们的社会兴趣，宗教便是典型的代表。只不过，宗教的意义常会被人曲解，所以影响方面不好估量。可喜的是，通过采取科学的方法，个体心理学在这方面取得了惊人的进步。我们可以相信，个体心理学在提高人类社会兴趣方面，能够比政治或宗教运动发挥更大的作用。尽管个体心理学解决问题的角度或不相同，但目标却是一致的——让每个人社会兴趣都得到提升。

我们赋予生命意义，而这意义会化身为守护神或恶魔，反过来指导我们的言行。因此，我们需要了解这些意义是如何形成的，它们之间有何差别，如果意义出现错误，又该如何修正。这便是心理学的作用，和生理学以及生物学截然不同，心理学帮助我们了解生命的意义，以及对人类行为和命运的影响。

童年经历和人格的形成

人类对于“生命的意义”的探索，从婴幼儿时期就懵懂地开始了。即便是婴儿，也会努力去确认自己的能力，确认自己的处境。大概五六岁时，儿童就已经形成了一套固定的行为模式和解决问题的风格，我们将此统称为“生活方式”。此时，他们已经清楚外界对自己的期待，也知道自己对外界的期待，这对他们的认知造成了深刻而持久的影响。从此以后，世界在他们眼里就被放进这个固定的认知框架中。他们会先从主观角度对自己的经历进行解释，然后将其转化为知识与经验，而这解释必然符合他们儿童时期对生命意义的原初理解。

这一时期，即便某项生命意义存在着严重错误，即使因此衍生出了错误的解决方法，甚至带来了不幸，人们也不会将意义轻易放弃。我们对错误意义的认知，需要一个纠错的过程，而要纠正我们对生命意义的误读，唯有重新审视造成这一错误认知的环境，回头寻找到错误之所在，才能最终完成认知框架的矫正。

在某些特殊的情况下，人们会因为一个不好的结果，而去修正自己赋予生命的意义。这时，他们是有可能成功纠正错误认知的。然而，这种自我改变只有在极端情况下才会发生，比如出现巨大的社会压力，或被错误认知引向了绝境，否则人们是绝对不会主动走出这一步的。在大多数情况下，人们会向专业心理学人士求助，因为这些人最会追根溯源，知道错误的意义从何而来，也最能对于正确的意义给出建议。

对童年境遇进行不同的解释，会带来怎样不同的生活态度？

不快乐的童年经历，可以被人赋予完全相反的意义，不同的人做出的解读天差地别。比如，一个童年不幸的人可能认为：过去的不幸，可以在未来得到弥补。这种解释会让他相信："我必须努力改变不幸的状况，确保我们的孩子可以生活在更好的环境里。”同时，另一个境遇相似的人则可能认为：“生活真不公平，别人拥有的总是比我好。既然生活对我不够好，我又何必那么善良？”当他自己成为父母后，很可能这样呵斥孩子：“我小时候过得那么苦，我都熬过来了，你怎么就这么废物？”还有一些人，会这样解释童年的遭遇：“正因为我的童年不幸，所以我现在做什么都理所应当。”这三种对于童年的不同解释，也都会体现在他们各自的行动中。想要改变行动，必须先改变他们的解释。

这也是个体心理学和遗传决定论的最大区别：**个体心理学认为，经历本身并不能导致成功或失败。我们遭受的打击并不会带来痛苦，让我们感到痛苦的，是我们对经历进行的解释。**构成我们思想的，正是我们做出的这些解释，而非经历本身，如果我们执意将一些特殊经历作为未来人生的基础，势必受到某种程度的误导。进而我们可以说，**决定生命意义的，不是我们所处的境遇，而是我们如何理解这些境遇，我们的现在和未来，也都取决于这些被赋予的意义中。**

身体缺陷

当然，童年的某些境遇，会很容易衍生出极端错误的意义，那些遭受失败的人，大多都有过不幸的童年经历。其中一种典型的情况，就是身体上有缺陷，这也是第一类容易衍生错误意义的人群。

这些孩子在婴幼儿期通常体弱多病，饱尝痛苦，他们很难认同生活的意义在于贡献。他们很可能一生沉浸在悲苦的感受中，除非有人能将他们的注意力从自己的身体上转移开，并对他人产生兴趣。这些孩子稍微长大一些时，会不由自主地和周围的人进行比较，结果就是更加心灰意冷，况且，置身于我们当今的社会文化中，他们难免会遭遇其他孩子的嘲笑和疏远，这会不断加重他们内心的自卑感。他们很可能将自己封闭起来，认为自己被世界羞辱了，不再寄希望于成为有用之才。

在我之前，没有学者描述过这类儿童所面临的困难——他们经受着身体上的折磨，虽然医学不断发展，但对他们产生的作用，依然与我设定的目标相差甚远。我从一开始，就在寻找解决问题的方法，而不是寻找一个理由，将生活失败的原因归咎于先天遗传或生理原因。没有什么身体缺陷能够强迫一个人进入扭曲的生活方式。同样的病痛在两个孩子身上并不会产生完全相同的负面影响。我们经常能看见，这类孩子中不乏有人成功克服了困难，而且发展出了让自己彰显价值的非凡才能。

因此，个体心理学宣扬的肯定不是陈腐的优生理论。很多极为杰出的人，虽然他们一出生就有身体上的缺陷，有些还英年早逝，但仍对世界贡献卓著。这些努力和自己身体与外界环境抗争的人，同样推动了社会的进步。他们的奋力抗争使他们变得强大，甚至比很多正常人走得更远。所以，单从一个人的身体来看，是不能判断这个人的心理是否健康。可惜的是，迄今为止，大部分身体有缺陷的孩子并没有受到正确的对待，没人为他们引导方向，他们的困难没有被人充分正视，他们只能以自己为中心。也正因此，很多身体有缺陷的孩子长大后会屡遭失败。

溺爱

第二类容易衍生错误意义的人群，是被溺爱的儿童。被溺爱的孩子从小就有着错误的心理期待，认为自己的愿望就是命令，一定要得到满足，他无须付出，即可获得关爱和重视，而且所获得的一切都理所应当。结果就是，当他换了环境后，不再是关注的焦点，人们不再把他的感受当回事，他会倍感失落，觉得世界辜负了他。他已经养成了索取的习惯，不懂得去给予，除此之外，他还从来没有学到过任何解决困难的方法，长期的唾手可得，让他失去了独立性，不认为自己可以解决问题。此外，被溺爱的孩子长期以自我为中心，因而不理解合作的必要性，不认同这样做能带来益处，而当他面临困难的时候，唯一的解决方法就是向他人提出要求。他希望得到别人的重视，希望人人给他特殊待遇，他把扭转困境的希望，全都寄托在了别人身上。

被溺爱的孩子一旦长大，很可能成为最危险的群体。他们中的一些人会很擅长讨好别人，以便让自己获得掌控他人的机会，他们甚至会因此变得“人见人爱”。但他们只会讨好，却不会合作，在需要他们合作完成任务时，他们就会甩手不干，消极怠慢。还有一些人，会选择报复社会。当他们习以为常的温暖和服从消失后，会觉得自己遭到了背叛，认为被世界排斥，于是想要对人们进行报复。如果他们的生活方式被人反对（这很有可能会发生），他们更会把这视为新的证据，证明自己受到了不公平的待遇。正因如此，对这类人进行惩罚通常是没有效果的——他们不会做出改变，反而会认定“全是别人故意和我作对”。

这些从小被溺爱的人，无论是消极怠工还是报复社会，无论是利用他人还是伤害他人，或者两者兼有，他的行为的根基都是同一种错误的世界观——他们认为，活着就必须当人上人，被人众星捧月，成为重要人物，获得自己想得到的一切。只要他们继续赋予生命这样的意义，他们所采取的任何方法，肯定是错误的。

忽略

第三类容易衍生错误意义的人群，是被忽略的孩子。这样的孩子从来不知道爱与合作为何物，他们对生命的认知没有任何正向的力量。他们对他人常有防备心理，也不自信，当他们面对生活中的问题时，会高估困难的程度，低估自己获得他人善意帮助的可能。他们不会指望他人好心来帮自己解决困难。在他们眼中，世界是冷漠的，毫无友善可言，而且还会一直这样冷漠无情下去。他们不会意识到，帮助他人的人才会赢得喜爱和自尊。因此，他们的生活充满了对别人的怀疑和对自己的不自信。

从来都没有哪种体验，能取代无私的爱。身为父母的首要任务，就是让孩子在生命之初体会到他人是值得信任的。然后，父母需要增强这份信任，让婴儿觉得周围的环境也是值得信任的。但如果父母没有充分完成第一步，没能关注孩子、爱孩子、和孩子形成合作，孩子也就难以获得社会兴趣和归属感。每个人都具备关注他人的能力，但这份能力需要受到培养和练习，否则它的发展将会停滞。

如果一个孩子完全被忽略、憎恨、厌恶的话，人们将发现，这个孩子也完全不懂得合作。他会自我孤立，拒绝和人交流，也就无从得知什么行为能有助于自己和他人的关系。事实上，我们是不会看到完全被忽略的孩子的，因为这类孩子在婴儿期就无法存活下来，一个孩子一旦活过了婴儿时代，就证明这个孩子必然受到了一些照顾和关心。因此，我们接触到的，是被关心程度低于正常程度的孩子，或是某方面被忽略的孩子，这些孩子从未遇到一个能给自己带来足够安全感和信赖的人，他们人生的失败概率远大于常人。

我们注意到，很多的失败者都来自孤儿或弃儿，这类儿童也要归入被忽略的儿童中，而这种现象，对现代文明无疑是个悲哀的嘲讽。

以上三种情况——身体缺陷、溺爱和忽略，都是极强的催化剂，极有可能触发当事者对生命意义的错误解读。在这三种情况下长大的孩子，几乎都需要外界帮助才能修正或转变自己的认知，从而形成正确的生命意义。如果我们能够发现这些孩子身上的情况，真正关心他们，并知道如何对待他们，我们就能通过他们的行动，发现他们对于生命意义的解读。

初始记忆和梦境

一个人的人格在梦境中和在现实中是一致的，所以，分析一个人的梦很有价值。不过，在梦境中感受的压力没有现实中尖锐，所以人格的展现会少些防范和掩饰，比现实中更真实。

不过，最能帮助我们了解一个人的认知的，并非梦境，而是他的记忆。每段记忆，无论多么微不足道，但对这个人来说，都意味着这是值得记住的事。之所以会有印象，是因为它承载着人们自己对生命的认知，记忆会告诉他们："这是你期待的"或"这是你回避的"，甚至干脆定义"这就是生活"。我们必须重申，经验本身并不重要，重要的只是它们是如何呈现在记忆中的。每段记忆，都是我们认知筛选后的提示物。

儿童时代的早期记忆，其作用尤其深远。这些记忆能追根溯源，解释出一个人解决问题的独特方法来自何处，对生活的不同态度又如何滋生而来。

早期的记忆之所以意义重大，有两个原因。首先，个人的自我评估和对外部的基本认知，都包含在这些记忆里。这些记忆是人们对自己和世界给出的首次解读，也是人们对于自我与外界做出的首次总结。其次，这是他们主观意识的起点。我们能从中洞见那个有缺憾和弱点的自我，并看到真实自我和那个具备优越感、安全感的理想自我之间的落差，而我们的一生，都在努力缩短着这个差距。

对个体心理学来说，初始记忆并不代表必须是这个人所能回忆起来的人生第一件事，甚至不一定是对事件的忠实回忆。记忆的重要性在于，它们是如何被理解的，在于个人对生命的解释，和这些解释对当下以及将来产生的影响。

现在，我们来看看几个关于初始记忆的例子，以及它们表现出来的“生命意义”：

“咖啡壶从桌子上掉了下来，烫伤了我。这就是我的生活！”这个女孩在现实中总是感到无助，还经常高估一件事的危险和难度，但当我们知道她的人生记忆是从这么一个情景开始时，便会理解她状态为何如此。她很可能在心里一直责怪别人没能照顾好她，竟然粗心到让小孩子置身于危险之处。

我们再看另一个人脑中类似的初始记忆：“我记得，3岁时我从婴儿车里掉了出来。”这段初始记忆随之演化成了重复出现的梦境：“世界末日就要到了，我半夜惊醒时，发现天空被火光照得通红。星星都坠落下来了，地球马上要撞到另外一个星球，但在撞击之前，我醒了过来。”当他被问到最害怕什么，他回答说：“我害怕我的生活不成功。”显而易见，是他的初始记忆及梦境造成了他的心理障碍，让他对失败和灾难深怀恐惧。

一个12岁的男孩，因为尿床和频繁顶撞母亲而被带到了诊所。他的最初记忆是这样的："我母亲以为我丢了，跑到大街上大声喊我，她非常害怕。但这期间我一直藏在家里的橱柜里。"在这段记忆里，我们捕捉到了一个重要信息，他显然认为："生命的意义，在于依靠惹是生非来获得关注。获得安全感的方式就是欺骗。即使我被忽略了，但是我依然有能力捉弄他人。"同样，尿床也是他达成目的的手段，用来维护自己被人担心和关注的地位，而他母亲的焦虑和紧张，则让他进一步肯定了自己的解读。和前面所提到的例子一样，这个男孩有着这样的概念：世界充满了危险，但只要能博得别人的关注和担忧，自己就是安全的。他用这种方式让自己相信，人们会在他需要的时候来保护他。

而一位35岁女子的初始记忆是这样的："我3岁的时候，站在黑漆漆的楼梯上，我的一个表兄忽然打开了门，跑过来追我。我非常害怕他。"这份记忆很可能表明，她不习惯和人玩耍，也很难和异性轻松地相处。我猜测她是家里唯一的孩子，而这个猜测被证实是正确的，她的记忆也给她造成了影响，她已经35岁了，却一直单身。

而下面这个例子，则显示出了一个人的社会感是如何正面发展的："我记得母亲让我推婴儿车里的小妹妹。"虽然这个例子潜藏着一些负面发展的痕迹，那就是当事人只有在和比自己弱小的对象相处时才感到轻松，以及对母亲有着深刻的依赖。但总体来说，让大一些的孩子照顾新出生的婴儿，以此来培养这个孩子的合作能力，终归是一个很好的方法。这样一来，大孩子能对新生儿产生兴趣，愿意承担起照顾的责任，并因此学会合作，也不会认为父母因为新生儿忽略了自己。

但要注意的是，渴望与人相处并不等同于关心他人。一个女孩被问及她的初始记忆时，这样说："当时，我正在和我的姐姐以及她的两个女性朋友一起玩。"在这里，我们确实可以看见，这个孩子受到了社交方面的培养。然而，在她提起自己最大的恐惧时，却让我们不得不对她的社交动机有了新的看法："我害怕独自一人。"在她身上，应该可以找到缺乏独立性的迹象。

一旦我们发现并理解了一个人赋予生命的意义，就等于获得了一枚打开他整个人格的钥匙。有种观点认为，人的性格是不会改变的，这么说只是因为我们不曾了解人格形成的关键。唯一可能改善人格的途径，在于培养一个人用更加合作、更有勇气的态度面对生活，但如果没有找到最原始的错误认知，后期的讨论或治疗也是不会成功的。

学习合作的重要性

合作，是唯一能够杜绝培养出神经症人格的措施。因此，孩子更应该在合作能力的培养上受到鼓励，要允许孩子通过共同完成任务或共同游戏的方式，找到与同龄伙伴相处的方式。

合作能力的发展一旦受阻，影响十分严重。比如那些被溺爱的孩子，他们就因此被培养得自私自利，并且还会把这种无视他人利益的习惯带到学校等环境。他们先要确保自己能被老师喜爱，才会对学习感兴趣；先要确保对自己有利的情况下，才会听从别人的建议。当他们即将成人的时候，社会兴趣的缺失将变成灾难的预兆。早在他们第一次曲解生命意义的时候，他们就终止了继续培养自己的责任心和独立性，然后，以能力奇缺、无法经受任何困难和考验的状态，进入社会。

儿童时期的错误，不是我们责怪一个人成年后所犯错误的理由。我们能做的，是在他开始感觉到这种对生命意义的曲解所带来的后果时，及时帮助他去纠正。正如我们不能期待一个从未学过地理的孩子能够成功地回答地理考卷上的问题一样，一个人如果从未接受过合作能力的培训，我们也不能期待他会完成需要合作才能达到的任务。关键就在于，生活中的每个问题都要求合作才能解决，每个任务必须要在社会的总框架中实现，而且还要以能够增进人类幸福的方式。只有当一个人懂得生命的意义在于贡献时，这个人才能勇对困难，并取得成功。

如果老师、父母以及心理学家都能理解儿童是如何诠释生命意义的，并理解他们在这一阶段是有可能犯错的，在这样的氛围下，即使是缺乏社会兴趣的儿童，也能把握生命中的机会，更好地发展自己的能力。当他们遇到困难时，将不会停止努力或急于寻求捷径，也不会试图逃离或推卸责任；他们不会要求额外的照顾或特别的同情，也不会因为觉得受到了羞辱就伺机报复，还不会问出这样的问题：“生命的意义在哪？能带给我什么？”他们会说：“我必须要创造自己的生活，这是我的任务，我有能力去实现。我是自己行动的主人，只有我才能决定该尝试什么新事物，摒弃什么旧习惯。”如果他们在保持独立的同时，还能以合作的态度去面对生活，人类文明的进步将永无止境。

精神和肉体

What Life Could Mean to You

第二章

精神和肉体的互动

精神支配肉体，还是肉体支配精神？长久以来人们各执一词，争论从未停歇，就连哲学家也参与其中。但无论是唯心主义者还是唯物主义者，虽然都提出了大量的观点，可难题依然悬而未决。

个体心理学关心的，正是精神和肉体在现实中的互动，所以能给出建设性的答案。对心理医生而言，个体都是精神与肉体的结合，如果医生自己的治疗依据有错误，就没办法帮助患者。理论必须在经验中发展，并经得起实践检验，所以，我们要研究精神和肉体互动的结果，并义无反顾地追寻正确观点。

个体心理学的研究成果，基本解释了精神和肉体的关系问题。精神和肉体不再是非此即彼的选择，它们都是生命的表现形式，彼此相辅相成。人类的生命在于行动，但只靠肉体是无法实现行动的，还必须包含精神，用思想去指挥行动。这种精神和肉体的互动，对于可以自由行动的人来说尤为重要。一株扎根入土的植物，如果我们发现这株植物存在精神，或者有类似人类的想法，这发现纵然能让我们万分惊奇，对植物却没什么用。毕竟，就算植物能发出这样的想法：“有人来了，他就要踩到我了，我会不会死在他脚下？”对它又有什么意义呢？它依然无法实施行动，将自己从那个危险的位置移开。

所有能够行动的生物，都能在行动前制定出计划。这一事实可以让我们判断出：能够行动的生物，皆具有精神。

“精神，你当然拥有，否则你将无法行动。”

出自《哈姆雷特》，第三幕第四景。

精神的核心作用，在于能预见出行动的方向。一旦我们认识到这一点，我们就能够理解精神是如何支配肉体的：精神为肉体的行动设定了目标。

什么是行动？肉体仅仅做出的随机动作，称不上行动，行动必须要有个目标。而精神存在的意义，就在于能决定行动的目标，它能起指挥驱动的作用。但精神对肉体的支配和指导，仅仅局限在肉体本身所具备的能力范围内，或是经过训练提升后的能力范围内。比如，如果精神想要将肉体移动到月球上，这肯定是肉体无法执行的任务，除非精神能够通过某种方法克服肉体的局限性。与此同时，因为肉体是行动的执行者，所以也会反作用于精神。

人类的活动比任何物种都频繁，形式也更花样百出，最典型的例子就是我们这双灵巧的手。人类也比任何物种更有改造客观环境的能力，因此，我们可以预料，人类大脑将能发展出高度发达的预测能力，而且也会更加目标明确地去改善整个人类的处境。

人们活动的阶段性目的或许不同，但活动的根本目标却是相同的——我们所有的努力，都指向安全感，都是为了克服生活中的困难，让自己能在所处环境中成功地活下来。为了实现这一目标，我们所有的行动必须协调合作，精神也要朝着不断完善的理想目标进发。

肉体也是如此，它会努力保持完整性，会朝着基因里与生俱来的理想目标生长。比如，皮肤破损时，全身会合作进行修复，使肉体再次成为完整的状态。然而，在发展潜能上肉体从不是独当重任，精神总是在它发展时给予辅助和支持。这种合作在体育锻炼、体能培训以及卫生保健中得到了充分证明，在精神的协助下，这些技能指向了“提升肉体”的共同目标。

从呱呱坠地直到寿终正寝，肉体和精神一直都是不可分割的伙伴，互相作用，彼此发展，进行着紧密的合作。精神就像转动的马达，能调动身体里的所有潜能，以保证肉体的安全和强健。而肉体做出的每个动作，也都带着精神的烙印。一个人的行动里总是隐含着意义，他的眼睛、舌头、面部肌肉通过动作，使他脸上做出某种表情，能传达出某种信息，这正是精神所赋予的。心理学让我们清楚了自己在做什么，而个体心理学的目标则是：通过我们所做的事，找到自己的目标，并将这个目标和其他人的目标进行对比。

在我们追寻安全感的过程中，精神会将这份渴求转化为具体的事物，由此定位安全感的方向，然后找到前往那里的方法。当然，这个过程中也有可能会选错方向，但即使是错误的目标和方向，也是行动必须具备的前提。就好像我会抬起手，必然是因为我的精神已经设想过抬手这个目标。在现实中，精神所选择的方向也许是场灾难，但这个方向之所以会被精神选中，是因为精神错误地认为这就是最有利的。由此可以说，所有心理误区都是因为精神对形势判断错误，导致行动方向的选择出现偏差。人类都有着实现安全感的目标，但有些人错误地估算了安全感所在的方向，所以行动也是错误的，他们是被自己带入了歧途。

如果我们只看见了某种表现，却一时不知背后的意义，那么，解读这种现象的最好方式，就是将其简化为一个行动，然后再做分析。就拿偷窃举例，偷窃，就是将他人的财物据为己有。现在，让我们来分析这个行动中的目标：让自己更富有，通过拥有更多钱财来感觉安全。因此，这种行动的起因就是物质上的贫困和精神上的缺失感。接下来，就是去发现窃贼所处的生活环境，是什么造成了他的贫困和缺失感？最后，就是看他是否采取了正确的方法消除贫困和缺失感。对于偷窃者来说，他的行动目标并没错，错就错在选择了错误的方法去实现这一目标。

我们在第一章就说过，人在四五岁的时候，就开始构建精神和肉体的关系，以达到肉体和精神的协调统一。这段时期内，在梳理自己和外部关系的过程中，个体对自身的基因特质及外部环境有了感知，并形成了主观的认知，且会依据感知来满足自己在优越感和安全感上的目标。

快到6岁时，他们的人格基本形成了。他们对生活的理解、所追求的目标、行为风格以及情绪倾向都已经定型，尽管这些在今后的人生中也有可能改变，但改变的前提，一定是先改变了童年时期形成的错误认知。童年时期的思想和行为，都能反映出一个人对生活的解释，与此对应的是，人们在成年后如果能纠正早期的错误认知，自己的思想和行为也会做出改变，以便和新的认知相符。

每个人感知外部环境，都是通过自己的感觉器官，在此过程中，身体接受了来自外部环境的刺激和影响。因此，从一个人的行为方式中，我们就可以推测出他以往经受过怎样的外界影响，对哪种感官刺激更敏锐。观察一个人倾听和观看的方式，再观察吸引他注意力的事物都是什么，我们能对他进行更深入的了解。很多人重视体态姿势，就是因为这个原因——感官因为外部环境的训练，面对某些刺激更易做出反应，并通过身体的行为直接表现出来。因此，每种体态姿势都有其意义。

至此，我们可以对个体心理学下个定义：**个体心理学，就是对个体接受感官刺激后所引起的心理变化的研究。**由此可以认识到不同个体之间的心理差异是如何形成的。这种情况下，如果肉体不能很好适应外部环境，面对挑战很难达标，通常会造成心理包袱，所以，肉体上有缺陷的儿童，心理上要比正常孩子经历更多障碍，发展也会更加滞后。对这些儿童来说，用精神去影响、支配以及管理肉体，进而去实现优越感的目标，将会是件更加困难的事，他们的精神必须更强烈更专注，才能和身体健康的孩子取得一样的成就。肉体有问题的孩子，精神也多有问题，他们很容易以自我为中心。如果一个孩子的注意力全部集中在自己肉体的缺陷，和缺陷带来的不便上，自然不会有富裕的精力去关心别人并建立联系，也不会有兴趣去培养自己的社会兴趣和合作能力。

不过可喜的是，肉体缺陷纵然会带来各种限制，但并非是不可逆转的宿命。如果有意识地对不完善的部位进行训练，有身体缺陷的孩子也能和身体正常的孩子一样获得成功，甚至取得更高的成就。比如，一个有着眼疾的男孩，或许比常人有着更多的心理压力，但也可能因这缺陷产生更强的专注性。他会更加关注视觉世界，对色彩和形状更敏感、更兴趣盎然。逐渐地，他对视觉世界的认知越来越丰富细腻。可以说，如果能够动用精神找到合适的方法弥补自身不足，即使是不尽如人意的肉体，也可能变成优势之源。

很多杰出的画家和诗人都有着视觉缺陷。但是在良好心态的指引下，他们比视力正常的人更负盛名。有一些隐形的左撇子孩子，也会出现类似的补偿现象。在学习初期，这些孩子被要求使用右手，但他们的右手天生很笨拙，很难胜任书写、绘画以及手工任务。但如果他们有意识地克服困难去练习，右手也会变得更灵巧。在很多真实例子中，有着使用左手倾向的孩子，在受到更多的鼓励去使用右手时，他们的右手比其他天生使用右手的孩子写得更工整，画得更漂亮，动手能力也更强。使用合适的方法，带着兴趣去接受培训和练习，孩子就能够化不利因素为有利因素。

这样做的意义十分深远。只有渴望为整个社会做出贡献、摒弃了自我为中心的孩子，才能成功地引导自己去补偿缺憾。如果这个孩子仅仅渴望消除自身的困难，那么他仍然会落后他人。但如果他心中有一个为之努力的目标，而且目标实现后所带来的成就和满足感能够让他充满力量，那么他便能在面对任何困难时一直保持勇气。

人们把兴趣和注意力投注在何方，这是问题的关键。如果有人想朝着一个关乎他人利益的目标努力，他自然会对自己进行培训，使自己具备达成这一目标的能力。如此一来，困难对他们来说更像是成功路上的阶梯，只要克服掉就能提升自己。可以说，目标越无私，自身的成长空间就越大。反之，如果只盯着自身缺少的而努力，那么所做出的一切事都只是为了缓解自己的问题，他不会取得真正的进步。同理，如果一个人只为自己的笨拙而苦恼，那么无论怎么祈祷，都难以让自己的双手变得更灵巧。只有当他对日后有所作为的渴望战胜已有的挫败感后，他才能够坚持通过培训、练习和实践的方式取得进步，状况才能真正得到改变。想调动起一个孩子的积极性和抗挫力，必然要先有一个超越他自身利益的目标，而这个目标必然建立在对世界、对他人和对合作的强烈热情之上。

我曾对患有先天性肾病的家族进行过研究，结果表明，他们对遗传缺陷有着不同的利用。有着这种家族遗传史的孩子，经常出现的问题是遗尿。这种肉体上的缺陷很明显，然而，肾病却并非是这些孩子遗尿的全部原因。很多孩子并没有受到有缺陷的器官的影响，他只是以自己的方式来利用这个缺陷。比如，有些孩子会在晚上尿床，但从不会在白天尿湿裤子。再比如，有时在捕捉到环境或父母的态度的变化后，孩子的这个习惯会突然消失。只有当孩子不再把器官缺陷用于错误的目的，遗尿才可以更正。

大多数孩子遗尿的主要原因，是因为外界没有鼓励他去克服这个习惯，反而助长了它的发展。有技巧的母亲，会使用正确的方法来训练孩子，不让缺点持续发酵。但在有着遗传性肾病或膀胱疾病的家庭里，任何和排尿有关的事都会被格外地强调，母亲很可能对孩子的遗尿反应过度，想尽一切办法消除这种现象，但这种态度本身就是错误的。一旦孩子注意到遗尿会刺激父母做出过激反应，他很可能会产生抵触情绪。对他来说，继续遗尿就是个很好的机会，最适合用来表达自己的抗拒。如果孩子排斥父母的管教，总会找到方法攻击父母的软肋。

德国一位社会学家发现，有相当比例的罪犯来自于从事打压犯罪职业的家庭，比如法官、警察或狱警等。而且，教师的孩子往往学习成绩落后。以我的经验来看，事实也确实如此，神经症患者大部分是医生的孩子，很多少年犯是神职人员的孩子。同样的道理，父母如果是个过分关注排尿问题的人，孩子很可能会通过遗尿来表达自己的抗议。

遗尿现象也向我们说明，为了表达与目标相符的情感，梦境是如何被刺激出来的。尿床的孩子经常梦见自己起床去上卫生间，一方面，他们以这种方式来为自己找理由，尿床不是他们的错；而另一方面，他们遗尿通常是为了引起注意，获得人们不分昼夜地关注，所以即便做梦也会思索这件事；还有一方面，有的时候遗尿是为了激怒别人，也让自己内心的敌对情绪得到宣泄。从各种角度来看，遗尿这种表达方式其实很有创意，孩子用膀胱而不是嘴巴来实现自己的诉求，身体器官的缺陷，反而为他们提供了一个表达自己观点的方式。

而以这种方式作为表达的孩子，通常有着沉重的精神压力。这类孩子大多曾经被溺爱过，但后来失去了众星捧月的待遇，也许是因为另一个孩子的出生，让他们发现很难得到母亲一心一意的照顾。而遗尿行为则表达了这样一种动机——企图增加和父母亲近的机会，哪怕是以令人不快的方式。孩子实际上是想说："我还没你认为的那么成熟，我仍然需要关心。"

人们也会选择不同方式，表达同样的心理需求。比如有的孩子会选择声音的方式，他在晚上不肯入睡，哭闹不停；而有些孩子则是用梦游、做噩梦、坠床，或一次次地起床喝水。这些行为表达的心理如出一辙，都是为了寻求别人的注意。而孩子们具体会选择哪种方式，一部分取决于生理伪装，一部分取决于外部环境。

这些案例明确地表明了精神对肉体的影响，精神不但决定某种症状是否出现，也影响整个身体的生长发育。比如一个男孩胆小，他的胆小将会反映在他成长的各个方面，他不会想要去增强自己的体能，会觉得这些事情都是自己做不到的，结果就是，他不会有意去塑造自己的身形，不愿到外面中去获得更多的身体锻炼，虽然这些体验通常会刺激肌肉生长。而那些愿意接触外界并训练身体机能的孩子，将比胆小的孩子发育得更好。

从这些观察中我们可以推断出，肉体会受到精神的影响，并且反射出精神上的认知错误。我们经常可以发现，当身体出现问题却无法彻底痊愈时，身体状况的好坏很大程度上取决于一个人的精神和情绪。比如，在孩子 5 岁前，孩子的内分泌腺系统就会受到精神和情绪的干扰。虽然内分泌系统出现问题并不会直接反映在一个人的行为上，但它的运行却持续受到外部环境、特定刺激和思维创造活动的影响。

感知的作用

所谓“文化”，便是人类活动对所处环境做出的改变。人们的精神会指引身体做出各种行动，这些行动造成的结果便是我们的文化。精神激励我们去行动，引导并帮助我们的肉体获得发展，但我们不该因此过高估计精神的重要性。

无论精神想攻克什么样的难题，肉体的健康都是必备条件。因此，精神需要参与到对肉体的管理中，以免遭遇生病、死亡、意外以及功能丧失。也正是为了保护肉体，我们才拥有了体会愉悦和疼痛的能力、想象和预测的能力，以及区分安全和危险的能力。

感知可以调节身体，使其在特定的情境中做出特定的反应。但是，我们的感知又是被什么触发的呢？要理解这个问题，我们可以设想，当人利用想象力和身份定位来预演自己目标达成后的情景时，感知便会随之产生，进而促使身体做出反应。这就是生命意义和目标对个人感知的塑造过程。因此，感知支配着肉体，但并不依赖肉体，而是取决于一个人的目标和生活方式。

生活方式并不是唯一一个能决定个体行为的因素。在不受其他因素影响时，一个人的态度无法直接导致出行为，要有所行动，需要靠感知来强化动机。我们在个体心理学领域的最新发现是，感知从来不会和生活方式以及个人目标相悖，而是总能根据目标去调整自己，来让目标达成。这个问题已经超出了生理学或生物学的范畴，因为感知是无法用解剖或化学理论解释的。在个体心理学中，生理为研究提供了前提，但更要关注的，则是心理上的目标。比如说，我们研究的不是焦虑情绪对交感神经或副交感神经的影响，而是要知道一个人为什么会焦虑，想用这焦虑来实现什么目标。

个体心理学认为，焦虑不是性压抑或难产所导致的，这两种解释并不被人认可。习惯了父母陪伴和呵护的儿童，也许会把焦虑当作控制父母的有效武器。同样，我们也不认同对于愤怒的生理描述，愤怒其实是用来主宰某人或某种局面的工具。比起理所应当地认为“所有身体和智力上的特征都来自遗传”，还不如关注这些遗传特征是如何被人们用来实现目标的，这才是心理学正确的使用方法。

我们在每个人身上都能看到，感知的形成、发展方向、发展程度与个体的目标是方向一致的。焦虑或勇敢，快乐或悲哀，这些正面或负面情感，总是与个体的生活方式相吻合。如果一个人想通过悲伤的方式来实现目标，比如利用自己的悲伤来博得别人的同情和爱，那他只有在痛苦时才会“快乐”，他可能不会因为获得成就而感到开心，因为这不是他的首要目标。感知会随着个体的需要出现或消失，就如同广场恐惧症患者在家里时，或他成功支配了某人的时候，就不会感到焦虑。所有的神经症患者，都会排斥让自己觉得无力掌控的环境。

一个人的情感模式，通常和他的生活方式相一致。一个胆怯的人总是会胆怯，除了在比自己软弱的人面前表现得盛气凌人，或者有恃无恐之外，懦夫始终是懦夫。他们会给门加三道锁，用狼狗和防盗器保护自己，却坚称自己如雄狮般勇敢。虽然没有人能够证明他们的焦虑感，但他们不遗余力的自我保护行为，却充分暴露了他们的胆怯性格。

性欲和爱也体现出类似的特点。当一个人心中有了一个性对象时，就会油然生出和性爱有关的感知。他们会专注于这个目标，排除掉任何与此不符的念头，于是，相应的功能就会被激起。而个体如果没能全神贯注，没能排除不符的念头，这些功能就无法被调动起来，阳痿、早泄、性欲倒错以及性冷淡就是源于此。这些不正常的现象，通常都是由错误的目标和错误的生活方式造成的。在这类人身上，我们发现他们总期待着伴侣能给自己关怀，但他们不想主动付出，这是合作精神和社会感的缺失，也是勇气和乐观精神的缺乏。

我的一个患者，是家里的第二个孩子，他一直深受负罪感折磨，无法解脱。他的父亲和哥哥都非常重视诚实的品质，但在他 7 岁那年，他对老师说他的作业是自己独立完成的，其实是他哥哥替他做的。此后的 3 年中，这个男孩一直压抑着自己的负罪感，最后他决定找老师坦白，老师却只是一笑而过。接着，他哭着去找父亲，再次坦白了这件折磨他的往事，这次效果好多了：父亲为男孩追求诚实品质感到自豪，表扬并安慰了他。尽管他的父亲原谅了他，但他依然沮丧，不能释怀。看起来，这个男孩一心想要证明自己的正直诚实、一丝不苟，因此会为小小的错误严厉责备自己，似乎是家庭严格的道德氛围促使他去追求卓越的正直品格，但实际上，他是早就发现自己在学习上和社交上都不如自己的哥哥成功，于是试图用其他方式获得优越感。

后来在生活中，他不断因为各种事情而自我谴责，长期置自己于痛苦之中。他开始沉迷于自慰，在学业上也没有彻底改掉弄虚作假的毛病。他的负罪感总是在考试临近之前加重，随着时间的流逝，他的心理包袱越来越重。因为道德心过于敏感，他的心理负担比他哥哥要重得多，但他也因此在不如哥哥时，使用自我谴责来让自己解脱。当他大学毕业后，他决定去做技术工作，但是他的强迫性负罪感让他无法挣脱，导致他整天整夜都在祈祷，请求上帝的原谅，根本没有时间去工作。

之后，他的心理状态急剧恶化，以致被送进了精神病院，并被诊断为不可治愈。然而，过了一段时间，他却有所好转了，甚至离开了医院，但是他希望自己一旦再次发作时，还能被允许接收入院。他换了工作，并开始学习艺术史。考试临近时，他特意去了教堂，当着众人的面，他扑倒在地，大喊："我是罪大恶极的罪人。"就这样，他再次成功让大家对他的敏感良知大加赞赏。

他回到家后，一天，他居然赤身裸体来吃午餐。他体格很健美，看来这一次，他终于可以和他哥哥以及其他人一较高下了。

他的负罪感成了他的工具，使他看起来比别人更诚实，也使他体会到了优越感。然而，他的努力方向却是毫无价值的生活方式：他不去参加考试和工作，这显示出他的怯懦以及明显的自卑感；他整个人神经极度敏感，有意回避任何他觉得会失败的活动；他在教堂跪地忏悔，以及裸体就餐等震惊四座的行为，都表明他在用极端偏执的方式追求优越感。他的生活方式决定了这些行为，而他由此获得的感知，也和他的目标完全相符。

还有另外一个证据，它引发的现象更加为人熟悉，并会导致某种短暂的生理反应，也能更清楚地展现出精神对肉体的影响。这个证据便是：每种情绪都会产生某种身体表现。也就是说，个体会以某种肉眼可见的形式来表达情绪，或许表现在体态姿势以及语气态度上，也许表现在面部表情上，也许表现在四肢的震颤上。情绪变化也会表现在具体的身体器官上。比如，如果某个人脸红了或变得苍白，这意味着他的血液循环发生了变化。愤怒、焦虑、悲伤的情绪，或任何其他情绪，都会通过个体的“身体语言”表达出来，每个人的身体都有一套自己的语言。

在恐惧的环境中，有人会颤抖，有人会汗毛倒竖，有人会心跳加速，有的人会出汗，或呼吸困难，或声音变得粗哑，或蜷缩身体、不敢向前；有时，身体的平衡会受到影响，会失去胃口甚至呕吐；还有一些人的膀胱会受到这些情绪刺激，产生尿频甚至尿失禁；而另外一些人受的影响则表现在性器官上，比如有些孩子在参加考试时，会感觉性亢奋。现实中，很多罪犯在实施了犯罪行为后，经常会光临妓院，或去找他们的情人。而在心理学领域，有些心理学家声称性欲和焦虑情绪密不可分，有些心理学家则认为这两者之间没有任何关系，而这些都是基于个人的主观观点。

不同的个体，会产生不同的生理反应。研究发现，这些反应在某种程度上也许来自遗传，表明了家族基因的缺点或特质，这个家族中的其他家庭成员遭遇同样的情形时，也许会出现类似的生理反应。然而，这里最耐人寻味的，在于精神是如何通过情绪激发出生理反应的？情绪和相应的生理反应显示出了：意识是如何在它认为有利或不利的情况下，做出了行动和反应。比如，在脾气爆发时，一个人需要快速化解自己的不顺心，对他来说最好的方式，也许就是打骂、指责或攻击另外一个人。与此同时，愤怒会反过来影响身体器官，有些人生气时胃部会出现不适，脸色变红或出现头疼。我们发现，偏头疼或习惯性头疼的背后元凶，通常是忍无可忍的怒火或羞愧，有些人一旦愤怒就会引发三叉神经痛或癫痫病发作。

也许，我们永远也无法完全理解情绪是如何影响身体机制的，但我们能理解的是，紧张的心理对躯体神经系统（又称非自主神经系统）和自主神经系统都有影响。当一个人感到紧张时，躯体神经系统就会有反应，比如有人会不由自主用手指敲桌子，咬嘴唇，或撕纸，以某种方式动一动身体，帮助自己化解紧张感。这些动作表明，他们感觉眼前情况不好应付。同样，当和陌生人在一起时，有人会脸红，开始颤抖或肌肉轻微抽搐一下，这些也都是焦虑和紧张引起的。通过躯体神经系统，紧张感会传遍全身。然而，紧张的迹象并非总是清晰可见的，我们这里所说的症状，是指那些由神经紧张引起的明显症状。

每一次情绪的表达，都会有身体参与其中。这些生理表现，是精神和肉体互动的结果，我们需要观察它们互相作用的表现形式，因为它们是一个整体不可分割的两部分，而这也正是个体心理学所关注的。

个体的生活方式以及对应的感知模式，会对身体发展产生持续影响。如果一个孩子的生活方式在早期就已经形成了，我们就会在其后来的生活中，出现由这种生活方式导致出的生理表现。如果体现在一个勇敢的人身上，很可能是影响了他的体格，让他的身体构造和他人不一样，比如肌肉结实度会更好，或躯体更加笔直，举止也更加从容坚定。勇敢的人的面部表情也与众不同，甚至他所有的生理特征都受到了影响，甚至头骨的形状都有可能改变。

如今，精神影响大脑机能这一事实已经被广为承认。病理学案例表明，左脑某部位受损的话，一个人会失去读写能力，但对大脑其他部位的训练可以补偿这些能力。中风患者的大脑受损部位通常没有修复可能，但大脑的其他部位会补偿，恢复身体器官的功能，使大脑功能再次完整。如果精神能对大脑施加影响，如果大脑仅仅是精神的一个工具（虽然是最重要的工具，但仍然只是工具而已），那么我们就可以开发使用这个工具的方法。人们不必终生受困于先天脑力的不足，而是可以找到方法，让大脑更好地适应生活。

不过，如果精神锁定的目标是错误的，将不会对大脑发育产生有益的影响。我们发现，很多合作能力缺乏的孩子，在成年后没能充分发展自身的智力和能力，他们无法理解周围的人和整个世界。一个成年人的言行举止，反映了其四五岁时所形成的生活方式，我们能清楚地看见他的世界观和他赋予生活的意义，以及这些所产生的结果，我们可以发现他们合作能力低下的症结所在，并帮助他纠正他的错误。关于这个问题的科学层面，个体心理学已经先行一步了。

心理特征和身体类型

很多学者都指出过，心理和身体是相关的，但却没有一个人试着找出连接两者的桥梁。比如，精神病学家、心理学家恩斯特·克雷奇默（Ernst Kretschmer）指出，不同身体类型都有着与之对应的心理类型。他也据此对大部分人进行了类型划分。比如，圆脸短鼻梁的矮胖型，也就是莎士比亚在《凯撒大帝》所说的那类人：

“我愿我的周围都是胖乎乎、圆头圆脑，可以一觉睡到天亮的人。”

克雷奇默将这类体型和具体的心理特征联系在一起，但他在书里没有指出这种联系的成因。按照个体心理学的说法，有这种体型的人没有明显的身体器官缺陷，在生理上，他们和其他人一样良好，他们对自己的力量充满信心，不会轻易紧张，如果他们想要和人打一架，也不会怯场。而且，他们不需要将他人视为敌人，或与生活做斗争。一个心理学流派将他们称为外向性格的人，但没有提供这样定义的原因。我们也认为，他们确实是外向性格，因为他们的身体从来不是焦虑感的来源。

与此完全相反的一种类型，被克雷奇默称为神经症型人，这类人要么看起来童稚未脱，要么非常高，鼻子细长，头型较尖。克雷奇默认为这类人保守内向，如果他们经受心理震荡，会有得精神分裂症的可能。他们属于《凯撒大帝》所说的其他类型的人：

“那个卡修斯面黄肌瘦；他心思太重，这种人很危险。”

有着这种体型的人，也许身体器官存在着缺陷，他们在成长中会变得更加自我，消极而且内向。也许他们总是需要帮助，当他们发现自己被忽视，就会怀恨在心，疑神疑鬼。然而克雷奇默也承认，现实中很多混合型的人，甚至与之相反的矮胖型人，也会发展出神经症型人一样的心理特征。如果是成长环境导致他们变得胆小怯懦，我们也就能理解这种不一致为何存在，也许连续受挫的经历，确实能将一个孩子的行为变得敏感反常。

积累了大量的经验后，我们就能从一个人所有外部表现的蛛丝马迹，看出他的合作能力。正是因为人们知道合作的必要性，所以总是下意识地寻找可以合作的迹象。发现合作迹象，不一定是因为科学，而可能是出自于直觉，直觉指导着我们，更好地在混乱的生活中调整自己的方向。同样，我们发现，在重大历史改革发生之前，人们通常已经意识到调整的必要了，并且去努力实现它。但如果只是凭直觉去努力，就会很容易犯错误。人们通常不喜欢有着明显身体特征、外形丑陋、身体畸形或驼背的人，人们凭直觉认为这些人难以相处，这就是极大的错误。这些人的生理缺陷被过度强调了，成了大众迷信的受害者。

现在，来总结一下我们的观点。孩子在四五岁的时候就具备了完整的意识，建立了连接精神和肉体的基础。他们的生活方式基本定型了，并有着与其相一致的感情模式及生理习惯。其中，就包含了一定程度的合作能力。

从一个人合作能力的程度，我们就可以评估并了解这个人。所有生活失败的人，最常见的共同之处就是合作能力极低。现在，我们可以再给心理学增加一个解释：心理学，是对合作能力缺乏这一现象的理解。

精神是一个整体，一个人的生活态度也贯穿在他所有的表现之中，所有的感情和思想，必须与其生活方式相一致。如果，我们看到一个人明显在用感情与思想制造麻烦，并与其自身幸福相悖，那就不能只改变他的感情与思想，必须改变其生活方式。

个体心理学在这方面充分发挥了价值，我们从来不只治疗某种单一的症状，或某个人格的表现，我们发现了生活方式中的错误选择，发现了主观意识对经历如何进行解释，发现了个体赋予生活的意义，还发现了个体对感知做出的反应。这些才是个体心理学的真正任务。真正的心理学，不是用针扎一下孩子，然后去看他能跳多远，或搔他痒痒，然后听他笑得有多响。这些手段是现代心理学的常用方法，虽然确实能揭示个体心理的某些方面，但最多只能证明存在某些已经形成的生活方式罢了。

心理学的真正主题以及研究对象，应该是生活方式。很多心理学的主题都是生理学或生物学，包括研究刺激与条件反射的心理学流派、试图发现创伤或刺激性经历影响的心理学流派，以及研究遗传能力及其发展的心理学流派。然而，个体心理学独树一帜，我们研究的是精神和肉体的整体性，我们研究个体赋予世界及自身的意义，研究他们解决生命三大任务的方法。到现在为止，我们已经获得了理解个体心理差异的最佳方法，那就是——分析个体的合作能力。

自卑感与优越感

What Life Could Mean to You

第三章

自卑情结

作为个体心理学最重要的发现之一，“自卑情结”已经广为人知，多个流派的心理学家也都接纳了这个概念，并将其用于自己的实践中。然而，他们是否能正确地理解或使用这个概念，却不一定。假设只告诉一个患者他有自卑情结，这根本帮不了他，只会加重他的自卑感。我们必须要发现他生活方式中具体有哪些地方表现出了缺乏自信和勇气，然后针对这些方面鼓励他，提升他的勇气。

每个神经症患者都有自卑情结。他们的价值，被这些无力的时刻轻易否定了，而他们的努力范围，也被这些无力感封死了。这时，如果我们对他说“你是在被自卑情结折磨”，这对提高他的勇气于事无补，所起的作用类似对一个头疼的人说：“我知道你有什么问题。你头疼。”

当神经症患者被问及是否有自卑感时，很多人都会说：“没有。”有的人甚至回答：“恰恰相反，我非常清楚我比周围的人都要厉害。”在这种情况下，我们要做的不是通过问话来寻找答案，而是去观察这个人的行为。我们应该注意，他用了什么（自我麻醉的）招数来确保自己的重要性。

比如，一个傲慢的人很可能这样想：“人们忽视我，我必须让他们见识到我的了不起。”如果一个人说话的时候，手势比画的幅度很大，很可能是因为他在想：“如果我不这样，大家不会把我说的当回事儿。”每一个看似高人一等的表现背后，都藏着自卑感。就好像一个人担心自己身材太矮小，于是踮起脚尖走路来让自己看着高大一样。在两个比身高的孩子身上，我们经常看见这类行为，担心自己个头矮小的那个会拼命挺直身板伸长脖子，全身绷得紧紧的，试图让自己显得比实际的更高壮。如果我们问那个孩子：“你觉得自己太矮了吗？”他却很可能不承认。

因此，我们可以推断，有强烈自卑感的人很难表现得平易近人、稳重自持。自卑感的表达方式有千万种，也许我可以通过三个孩子初次去动物园的小故事来阐明。他们站在狮子笼前，一个躲到母亲的裙子后面说：“我想回家。”第二个孩子站在原地儿，脸色苍白地抖个不停，说：“我一点儿也不害怕。”第三个毫无惧色地盯着狮子，问他母亲：“我可以朝它吐口水吗？”这三个孩子实际上都感觉到了自己的弱小，但是各有各的表现方式，这些方法都源于他们生活方式的选择。

我们每个人都有不同程度的自卑感，因为我们都对自己的处境不完全满意。没人能够忍受长期处于自卑感之中，人们将会因此被卷入某种心理压力之中，继而采取某种行动。如果我们拥有足够的勇气，会以最直接、现实的方法去行动——改善目前的境况，去克服自卑感——这也是唯一有效的方法。但假如我们缺乏信心，或不认为付出努力就能改变情况，那么所采取的方式也就不会让自己改善，因为我们的目标依然是“藐视困难”，而不是克服障碍，我们依然在不现实地自我催眠，以保持自己的优越感。但这样做的话，造成自卑感的情况就不会改变，反而会让我们的自卑感不断累积，每走一步，都是向自欺欺人的深渊迈进，所承受的压力和问题也会越来越多。

如果我们只看见他们的行为，而不了解背后的原因，我们会轻率地认为他们毫无目标。然而一旦我们发现，他们是在假装和别人一样去追求充实的人生，实际上早就放弃了改变自身境况的希望，那么，他们所有的行为就说得通了。比如，他们觉得自己软弱无能，就会到能让自己显得强大的地方去，而不是把自己真的培养得更强大，更有能力。但他们自我欺骗的努力，实在是效果有限，且会造成新的恶劣影响。比如当一个人觉得无力解决工作上的问题时，他也许会变成家里的暴君，以此来证明自己的重要性。这种方式也许可以让他膨胀，有飘飘然的成就感，但是在个人的心理假面下，心底的自卑感依然根深蒂固，旧日的情境激荡起的自卑感挥之不去，如同汹涌的暗流，构成了他的心理背景。这种情况，我们可以真正称之为自卑情结。

现在，我们可以给自卑情结下个定义了。**自卑情结，是指当问题出现时，个体无法恰当地适应或者应对，并且坚信自己一定没有办法解决，并特意强调自己的无能为力。**从这个定义我们就可以看出，愤怒、眼泪以及找借口都可以视为自卑的表现。

自卑总会带来心理压力，个体需要通过某种补偿行为来获得优越感，但这种行为并不能解决问题。因此，为了获得优越感而采取的行为，带来的不是正面的生活方式，反倒是把真正的问题束之高阁，任其发展。他们宁愿在熟悉的领域不失败，也不愿在未知领域更成功。人们会因此缩小自己的行动范围，分外害怕失败，表现为犹疑退缩，而不是勇往直前去克服问题。

患有广场恐惧症的人，就是一个突出的例子。这种症状表达的是："我不应该走远，我必须要待在我熟悉的环境里。生活里处处是危险，我必须要避免遇见这些事。"当一个人持有这种态度时，肯定会将自己关在房间里，或整天躺在床上。

自杀，是面对困难时最极端的逃避形式。面对生活中的问题时，自杀者选择彻底放弃努力，这表达了他们的这种信念：无论做什么，也改变不了现状。他们以自杀方式追求优越感，因为自杀在他们看来，带着谴责或报复的色彩。从每个自杀例子里我们都可以看到，自杀者都会指控某个人是导致自己死亡的罪魁祸首。自杀者好像在说："我是这个世界上最脆弱最敏感的人，你却用最残酷无情的方式对待我。"

每个神经症患者，都会或多或少地限制自己的行动范围，限制自己与外界的接触。他们试图远离生命的三大任务，将自己囚禁在自己能控制的环境里。他们为自己打造了一个狭隘的空间，画地为牢，关上门远离风雨，但同时，也将阳光和新鲜空气拒之门外。他们控制环境的方式，到底是欺压还是抱怨，主要取决于自己的习惯——他们将会选择让自己屡试不爽的那个手段。如果他们已经厌倦了这个招数，也会换个招数，但无论是哪种伎俩，目的永远只有一个——获得优越感。

一个自卑的孩子，如果发现眼泪是最好的操控方式，就会成为一个爱哭的宝宝，任由其继续发展下去，很可能在成人后成为抑郁症患者。有一种能量，我称之“水能量”，具体说来就是眼泪交织着抱怨，这是杀伤力极大的武器，总能毁掉合作关系，并奴役他人。在这样的人身上，以及那些害羞、尴尬或有负罪感的人身上，我们都可以一眼看出他们的自卑情结，他们毫不掩饰自己的软弱以及无助。他们想要掩饰的，是自己对于优越感的渴求，是自己的不择手段。与之对应的是，一个总是自吹自擂的孩子，猛眼一看展示出来的是优越情结，但如果我们仔细观察他的行为，而不只是听他说的话，我们很快就会发现，这种表象之下是不容置疑的自卑情结。

恋母情结，其实也是神经症患者画地为牢的一种表现。如果一个人在生活中害怕面对婚恋问题，他们将无法成功地摆脱神经症。如果他们将自己的活动范围局限在原生家庭里，他们的性意识也肯定表现在这个范围内。因为缺乏安全感，他们从不会对陌生人感兴趣，他们担心和不熟悉的人在一起，自己将无法以惯有的方式控制局面。

有恋母情结的人，多是那些备受母亲宠爱的孩子，他们被母亲养出了要风得风、要雨得雨的心态，却从来没有意识到，他们完全可以凭借自己的力量赢得（家庭以外的）爱情和其他青睐。这些孩子长大后，往往心理上还未断奶，依然围着母亲打转。在他们的爱情观里，他们寻找的不是能和他们平等互爱的伴侣，而是一位佣人，给他们提供全方位的呵护。只要有一个溺爱孩子的母亲，和一个极度严厉冷漠的父亲，我们就能在任何一个孩子心里种下恋母情结。

神经症患者所有症状的共性，就是行为受困。说话结结巴巴，象征着他们的优柔寡断；他们总是闪烁其词，因为他们仅有的社会感驱使着他们和大家交往，但他们对自己的评价又很低，害怕失败。很多在学校成绩落后的孩子，和早已成年却不找工作的人，还有逃避婚姻的，或是不断重复着同样行为的强迫性神经症患者，加上白天精力不济的失眠症患者——所有的这些人都是被自卑情结拦着，无法解决生活里的问题。自慰、早泄、阳痿或性欲倒错，本质上都显示了一种错误的生活方式，他们和异性交往时，害怕自己不够好，如果我们问："为什么他们觉得自己不够好？"唯一的答案就是："他们设置的成功目标太高了，根本不现实。"

自卑情结本身并非是绝对负面的心理现象，有时，它反而是人类进步的动力。比如，人类意识到了自己的无知，希望为未来做更好的准备，于是促进了科学的出现。这是人类为了全面提高自身处境、为了了解世界、为了自己能与之合作而付出努力的结果。在我看来，人类文化正是建立在自卑感之上的产物。假如，有一位身为旁观者的外星人访问我们的星球，他一定会这样说:“这些地球人，创建了各种协会和机构，为了获得安全保障不遗余力，为了免遭风吹雨打建造了房屋，为了保持体温制造了各种衣服，为了出行便利建造了街道。显而易见，他们觉得自己是地球上最脆弱的居住者。”从某种角度来说，人类确实是所有物种里最弱小的。我们没有狮子或大猩猩那么强壮，也没有很多动物那种独自解决生存问题的强大能力。弱小的动物常会利用群体力量获得补偿，最明显的特征就是成群结队，但人类需要更多样化、更深层次的合作才能生存，这在其他物种身上是见不到的。

人类的婴儿尤其脆弱，不像动物幼崽那样出生不久就具备生存能力，柔弱无助的人类婴儿需要大人多年的照料和保护。人类在婴儿时期处于最年幼、最脆弱的状态，只能听天由命，也正因此，我们应该更加确定，合作是孩子必须学习的能力，否则孩子就会变得悲观厌世，深陷入自卑情结之中。我们也应该懂得，困难是人生常态，连合作能力最强的人也不能免于困难。没有人能成为环境的绝对主宰，也没有人能达成终极优越感，因此我们需要合作。人类的生命太短，身体太脆弱，而生命的三大任务总是要求我们给出更多样、更圆满的解决方法。我们总能发现解决方法，但我们永远不会满足于现状。生命有限，追求不止，只有我们互相合作，我们的追求才有希望，才能为提高人类的共同处境而有所贡献。

实际上，没有人会因为永远无法实现终极目标而忧心忡忡，毕竟，如果一个人乃至全人类，到达了再也没有任何困难的境界，任何事都可以提前预料并做出周密规划，不会有不期而遇的机会和惊喜，未来一眼看到头，生活中再无任何盼望和等待。生活在这种情境里，好比一潭死水。

我们对生活的兴趣和好奇，在于生活充满不确定性。如果我们对一切了如指掌，就不会再去探索和发现。不仅科学将走到尽头，激发我们想象力和创造力的艺术和宗教，也将不会再有任何意义。所以，人生充满了无尽的挑战，这是我们的幸运。人类将永远不会停下追求的脚步，我们总能发现或创造出新问题，制造合作与贡献的新机会。

然而，这种发展在神经症患者的身上，很早就已经停滞了。他解决问题的方式治标不治本，因此他的问题会越来越严重。而正常的人，身后留下的是越来越完善的解决方法，他们能够面对新的问题，并提出新的解决方案。他们不愿落后，成为社会的累赘，也不需要或要求特殊待遇，他们会兼顾社会感与自我需要，勇敢而独立地前行，去解决自身的问题。

优越感目标

对于每个人来说，优越感目标充满个人色彩。它取决于个体赋予生活的意义，而这个意义并不是说说而已。它就像是他们自己谱写的独特旋律，彰显了个体的生活方式，贯穿他们的整个人生。

他们表达优越感的方式未必直接，所以我们很难一下总结出其目标。相反，他们的表达方式通常很模糊，因此，我们必须从他们生活方式里去猜测其目标。解读一个人的生活方式，就如同解读一位诗人的作品。诗人用文字构建意义，但其表达的意义却超越了文字本身，绝大部分的意义都属于“言外之意”，需要通过研究和直觉进行推导。我们也必须要以这种方式，去解读每个人最深沉复杂的作品——自己的生活方式和生活哲学。心理学家必须学会解读个体生活方式的言外之意，识别隐藏起来的意义。

我们赋予生命的意义，在四五岁的时候就已经出现了。不是依靠数学进行精密演算，而是在懵懂摸索中进行的，我们在跌跌撞撞中寻找答案，体验着尚且不能懂得的感觉，捕捉着各种明示和暗示。同样，优越感的目标也是在摸索和猜测中进行的，这是毕生都会存在的冲动。没人能完全知道自己的优越感目标是什么，所以，也无法完整地描述它。

即使一个人清楚自己的职业目标，这也仅仅是他人生追求中的一小部分，但我们却可以从中获得很多有用的信息。如果一个人的职业目标是成为一个医生，那么，这个人也许不仅希望成为某个医学领域的专家，还会希望在行动中表现出对自己和他人的关爱。我们应该关注他会如何培养自己，从而成为对他人有帮助的人。此外，他定下的这个职业目标，或许是为了补偿某种具体的自卑情结，而且从他在工作中以及其他方面的表现，我们可以推测出来他在补偿哪种自卑情结。

我们经常发现，很多后来成为医生的人，在童年早期就接触过死亡。死亡是人类不安全感的来源之一，这种经历，给这些未来的医生们留下了最深刻的印象。他们身边去世的人也许是哥哥、父亲或母亲，所以他们后来的学习发展方向，就是为自己和他人找到一条途径，来抵御死亡带来的不安。另外一些人也许将教师当作自己的具体目标，但如果一个教师的社会感较低，其优越感目标也许是成为小范围内的王者，只有被这些弱小、学识不如自己的学生包围着的时候，他才会有心理安全感。但如果一个教师的社会感很高，这个教师将会以平等的态度对待自己的学生，真正希望能够为人类的幸福做出贡献。这两种教师在能力和社会兴趣之间的差别，是可以通过他们的言行举止表现出来的。当一个具体目标被确定下来后，他的潜能一定会在这一范围内发展，所谓最高目标，就是总会试探并超越这个范围。

表象的意义，就在于让我们通过它们去理解每个人。一个人会改变自己实现目标的方式，比如更换职业，我们则必须寻找这些表象下的一致性，即人格的统一性。所谓统一的人格，就是在所有的表达方式里都能有所体现。如果我们将一个不规则三角形旋转到不同位置，每个位置会显示出一个不一样的三角形，但是如果仔细去看的话，其实都是同一个三角形。优越感目标不会由一个单一的表现形式显示出来，我们却能从不同的表现形式中认出它的踪迹。我们无法对一个人这样说：“如果你这样或那样做的话，你就会彻底满足自己的优越感。”因为追求优越的途径从来不只一条。事实上，一个人越健康正常，当其追求优越感的某种方式行不通时，他越能通过其他的方式坚持追求下去。只有神经症患者会盯着自己为自己设下的目标并说：“我只要这个，其他的都不行。”

我们不应该仓促评估某种对优越感的追求，但所有的目标都有着一个共性——努力成为上帝那样的人。有时我们能听见一个孩子说：“我想成为上帝。”很多哲学家也有同样的念头，甚至还有教育家希望把孩子培养成上帝那样的人。在传统宗教教义里，这种主题也很明显：信徒们应该以上帝为目标来修炼自己。“超人”的理念便是对这种信念较为温和的表达方式，而尼采就是最好的例子——他发疯后写给斯特林堡的信署名为“被钉在十字架上的人”，这揭示了尼采想成为上帝的想法。

精神失常的人通常会公然表达自己的优越感目标，他们会说“我是拿破仑”或“我是皇帝”。他们希望成为全世界关注的中心，可以用无线电向全世界喊话，可以听到所有人的对话，能够预言未来，拥有超能力。

成为上帝的渴望，如果用更加温和、理智的表现形式，就是会渴望知晓一切，拥有全宇宙的智慧，或让生命不朽。这种不朽可能是指我们在地球上能长生不老，或是生命的轮回，或能在另外一个世界永生，这些都是人们在渴望成为上帝。在宗教教义里，只有上帝才是唯一的神，永垂不朽。我在这里不是讨论这些想法的对或错，但从某种程度上说，我们都被困在了这种意义之中——渴望成为上帝或类似上帝的人。甚至无神论者也希望征服上帝，比上帝还伟大，这就是一种特殊而又强烈的优越感目标。

一旦优越感目标被具体化，相应的生活方式也就产生了。一个人的习惯和特质，都要开始为此目标服务，严丝合缝无可挑剔。问题儿童、神经症患者、酗酒者、罪犯或性欲倒错者追求优越感目标的手段，也和他们的目标一样彼此配合，所以，单纯批评他们的行为是没有意义的，因为一切行为由目标产生的。

有个男孩，是班上最懈怠后进的学生，老师问他："你的成绩怎么总是这么差？"他或许会在心里想："如果我是班上最懒的，你就会更关注我，而不会关注那些规规矩矩成绩好的好孩子。"只要他的目标是吸引注意力，操控老师，他就一定会找到合适的手段。试图改变他的懈怠是没用的，他需要用它来实现他的目标。单就他的目标而言，他的所作所为"无比正确"，他不会改变行为，不会与自己的目标背道而驰，因为这会让他像个"傻瓜"。

另外一个孩子，他在学校成绩落后，在家里也表现平平，虽然乖，但乖得有些笨拙。他有一个比他大两岁的哥哥，生活方式和他截然不同，这个哥哥活泼聪明，但总是因为鲁莽而闯祸。有一天，弟弟对哥哥说："我宁愿笨一些，也不愿像你那么莽撞。"从他不愿惹祸这一目标来看，他的笨其实是种聪明。因为他笨，别人对他的期待和要求就会少，如果他做错事了，也不会受到过多指责。所以，既然有着这种目标，如果他不笨些，就真的是个“傻瓜”了。

到目前为止，常见的心理治疗都是停留在消除症状上，而个体心理学却不赞成这种方法。如果一个孩子数学成绩差，或在学校表现不好，我们将注意力放在提高他的算数能力，是没有用的。也许他就是想要为难老师，甚至想要被开除，来达到自己不用去上学的目的。如果我们只是阻止了某种现象的出现，他就会用另外一种新手段来达到目标。

这和神经症患者的情况类似。比如，我们假设一个人有偏头疼，他的头疼给他带来很多方便，总会在他极度需要的时候恰好出现。他依靠自己的头疼，可以逃避社交和生活上的难题，每当他不得不结识新人，或做出新的决定时，他的头疼就会突然降临。与此同时，头疼也能帮他操控他的同事、伴侣与其他家人。如此一来，我们怎么指望他会放弃这个屡试不爽的利器？从他眼前的出发点来说，他的头疼就是个绝妙的投资，带给他期待的各种回报。毫无疑问，我们可以用一个让他震惊的解释，来吓走他的头疼，原理就和电击或假手术能让受到炮弹惊吓的士兵清醒过来一样。也许，药物在他头疼的时候可以减轻他的症状，或很难再假装头疼，但只要他的目标不变，他即使放弃使用这个方式，也会采取另外一种花招。走了头疼，来了失眠，或折腾出其他新症状。只要他的目标不变，他就会继续变化着方法去追求它。

有一种神经症患者，堪称是神经症大师，他们可以迅速地让某种症状消失，并同时变换出其他症状。即便是在读心理治疗方面的书，也会启发他们“学习”到某些还没来得及采用的神经症状。治疗症状需要先从根源着手，否则就是治标不治本，我们要寻找的，是他们症状背后的心理动机，以及这种动机和优越感目标的一致性。

动机是什么？让我们举个例子。如果有一天，我在教室放了把梯子，然后爬上去，坐在和黑板顶端一样高的地方讲课，任何人看见没准儿都会认为：“阿德勒医生一定是疯了。”他们不知道我拿来梯子的目的，我为何爬上去，为何姿势别扭地坐在上面。但如果他们知道“他坐那么高，是因为他觉得自卑，他认为只有身处居高临下的位置，俯视所有人，才有安全感”，他们就不会认为我是疯了。我选择了绝佳的途径来实现我的具体目标。所以，这时梯子对我来说就是个合情合理的工具，我费尽心思爬到高处的努力，也是经过精心策划和执行的行为。

然而，这个举动真的一切正常吗？这种对优越感的解读，显然太过诡异。除非我能被说服，认为自己选择的优越感目标是错误的，我才能改变我的行为。但只要我还坚持目标是正确的，即便他们拿走我的梯子，我也会拼命或跳或爬，用各种方式让自己显得高一些，去达到这一目标。

每个神经症患者也是如此。他们为达到目标选择的手段没有问题，甚至正确得无可挑剔。问题正在于他们的具体目标。目标的转变，会带来习惯和态度的改善，他们将摈弃旧习惯和行为模式，采取和新目标相符的新习惯和行为模式。

让我们来看看下面这个例子。一个30岁的女子找我求助，因为她有焦虑症，根本无法交朋结友。因为没有稳定工作，她无法实现经济独立，因此成了家里的负担。她靠打零工维持生计，做过速记员、文秘等工作。她的一位雇主曾经频繁向她表达爱意，她吓得赶紧辞职；但是，在另一份工作中，她的雇主对她毫无兴趣，没有任何求爱的举动，她反而觉得受到了羞辱和怠慢，于是又辞职了。多年来，她一直在接受心理治疗，但是这并未能减轻她的孤僻，她仍不愿与人结交，也没能找到一份能持续养活自己的工作。

我为她治疗时，追本溯源地探寻了她童年时期的生活模式。在我看来，如果不了解她童年时的状况，就无法理解成年后的她。原来，她是家里最小的一个，也是最漂亮的一个，从小就几乎被宠上了天。那时她父母的经济条件也非常好，对她有求必应。我听到这些后，对她说："原来如此，你就像个公主一样被养大。"

"真是巧了，"她很惊讶地说，"那时大家的确都叫我小公主。"我让她说说她最早的童年记忆，她回答："记得我4岁时，我溜出了家，看见一些孩子在玩游戏。他们时不时地又跳又叫，大喊着'巫婆来了巫婆来了'。我吓坏了，回到家后，我问家里的一位老人，是不是真的有女巫，她说，'有啊，不光有女巫，还有小偷和强盗，他们都会来抓你'。"

她的恐惧心理，表现在她所有的生活方式上：她没有勇气走出家门，又害怕独自一个人待在家里，家人必须要无微不至地照顾她。她的另外一个早期记忆，是这样的：“我有个钢琴老师，是个男的，有天他企图亲我。我马上停下不弹了，跑去对我妈妈说了这件事，自那以后，我再也不想弹钢琴了。”此处我们可以看出，为了保护自己不受到爱情伤害，她们用孤独的堡垒拒男人于千里之外，而她的性发育也和这个目标保持了一致。她还觉得，恋爱是种软弱的表现。

这里我需要指出，很多人在恋爱时觉得自己很脆弱，从某些方面来说，他们是正确的。如果我们爱上一个人，我们就会变得格外温柔敏感，而把心思都放在他人身上，意味着我们很容易受其牵动。只有当一个人的优越感目标是“我一定不能软弱，一定不能透露我的真心”的时候，他才会回避爱情。这些人在爱情面前往往手足无措，会觉得陷入爱情是很危险的，会把爱情当成一个玩笑。他们还会嘲弄、挖苦那个使他们心情摇曳的人，以这种方式来消除软弱感。

上面的这个女孩也是如此，提起婚姻和爱情，她就觉得害怕，所以当在工作中有人向她示爱时，她会反应过激。她觉得无法面对，只好逃跑。当她经历这些事情的时候，父母双双去世，她的公主待遇也到此结束。她试着让亲戚来照顾她，但总不称心如意。过了一阵子后，她的亲友也厌倦了她，不再在她需要的时候出现了。她责备他们，控诉独自生活对她来说有多危险，靠这一招来避免被亲人疏远。

我相信，如果她所有的亲友真的不理不睬她，她的精神真的会垮掉。她实现优越感目标的唯一途径，就是绑架亲情，以逃避生活里的问题。在她的意识里，她早已认同了这样的人生设定："我不属于这个星球，而是另外一个星球，在那儿我是个公主。这个世界的人都不懂我，也看不见我的重要性。"她把自己想象成落难的公主，这时如果再有点其他意外，就会导致她发疯。但只要她手里还有点积蓄，能得到亲朋好友的照顾，她就还不至于如此。

下面这个例子，则能让我们辨清自卑情结和优越情结。一个 16 岁的女孩被送到了我这里，她六七岁就开始偷东西，12 岁就开始和男孩子厮混，夜不归宿。而说到她的家庭，在她两岁时，长期不和的父母离了婚，她跟随母亲一起回外婆家，和大多数宠爱孩子的外婆一样，外婆总是对她有求必应。她出生的时候，正是父母关系最恶化的阶段，她母亲从来就没有真正接受她，母女之间总是磕磕碰碰。当这个女孩见到我时，我和蔼地和她说话，态度很友好。她告诉我："我其实不喜欢偷东西或和男孩子鬼混，我之所以这么做，就是想让我妈瞧瞧，她管不了我。""那你是为了报复？"我问她。"是这样的。"她回答说。她想要证明自己比她母亲更强大，因为她感觉自己很弱小，她觉得母亲不喜欢她，因此有了自卑情结。她能想出来的维护优越感的唯一途径，就是惹祸。通常，当孩子偷窃或有其他不良行为时，都是为了报复。

我还见过，一个 15 岁的女孩失踪了 8 天。被找到后，她被带至儿童法庭，据她说，她被一个男人绑架了，这人将她捆起来锁在房间里整整 8 天。没人相信她说的话，医生甚至用吓唬的语气和她说话，逼她说出实情。她对医生的态度非常生气，还激动地扇了他一巴掌。于是，我见到她时，问她的理想是什么，并且表明我关心的是她的利益，并希望能帮到她。然后，我请她对我讲述一个她做过的梦，她笑了起来：“我梦见我在一个地下酒吧里，我出来时刚好遇见了我妈，很快我爸也来了，我让我妈把我藏起来，这样他就看不见我了。”

她害怕她的父亲，并常反抗他。他总是惩罚她，因为她害怕他的惩罚，就选择了撒谎。这里要注意，如果我们遇到孩子撒谎的例子，我们应该看看他们背后是不是有个严苛的父亲或母亲。孩子撒谎，是因为说真话会带来危险。从另一方面，我们可以看出，这个女孩或多或少还是愿意听她母亲的话。后来她告诉了我事情真相，有人将她引诱到了一个地下酒吧，她在那儿待了 8 天。她不敢说实话，是因为害怕她父亲，但她又渴望战胜他，认为只有伤害他，自己才会是个征服者。

该如何做，才能帮助那些用错误方式追求优越感的人呢？如果我们承认，追求优越感是所有人的目标，我们就可以帮助到他们。如果我们可以设身处地地为他们着想，理解他们的追求，就能让他们明白，他们所犯的唯一错误，在于他们追求的是没有意义的目标，没有价值的人生。追求优越感，是人类文明的源泉，人的一生，都是依照追求优越感这条伟大路线进行的——由底层奋斗到上层，由匮乏奋斗到充足，由失败奋斗到胜利。然而，真正解决问题并掌控人生的人，是那些在奋进中为他人做出贡献的人，他们奋勇向前，同时也惠及他人。

如果我们用正确的方式来引导这些人，说服他们也将成为一件容易的事。人类对价值和成功的评价标准，是合作，这是人类最大的共同点。对人类的行为、理想、目标、行动以及性格特征，我们唯一的要求就是，它能为人类的合作服务。每个人都有社会感，即使是神经症患者和罪犯也知道“合作是生存之本”，这也是他们绞尽脑汁为自己的生活方式找理由、为自己的罪行辩护的原因。他们只不过是失去了勇气，自认无法过上有价值的生活，他们内心的自卑情结对他们说：“那种通过合作而获得的成功，和你无缘。”她们在面对现实中的三大任务时转身回避，忙于同意识中的虚幻的影子斗争，以此来获得安慰和力量，在幻想中确立她们的优越感。

人类世界自有各种职业分工，每个人都会发现自己的职业目标。对某个孩子来说，个人的优越可以在数学里实现；对另外一个孩子来说，也许是艺术；而对第三个也许是体能。消化功能欠佳的孩子，也许会逐渐认为，他可能会营养不良，然后他也许会热衷于研究食物，认为这样做会改善他的情况，最终他也许会成为一个高级厨师或营养学教授。在所有这些具体目标里，我们都可以看见对自身困难做出的真正补偿，比如更专注于自己的目标范围，比如训练自己的某种能力。就好像哲学家需要时不时地脱离社会，用来去思考和写作。只要优越感目标一直和社会兴趣齐头并进，那么在方向上，就不会出现严重的差错。

早期记忆

What Life Could Mean to You

第四章

理解人格的关键

对优越地位的追求，是整个人格形成的关键，也正因此，我们在个体心灵发展的每个节点上，都能清晰看到这种追求。认识到这一事实，能从两方面帮助我们理解个体的生活方式。

首先，我们可以方便地从任意一点切入，因为任何一种表达，都能将我们引到同一个方向——人格的形成原因和主要风格。其次，我们拥有丰富的参考资料。这些资料包括个体的语言、思想、感觉和姿态，它们都有助于我们理解个体的生活方式。分析人格时所产生过的轻率误判，会被大量其他表达方式凸显出来，并得到更正。换句话说，某个人格方面的意义，很可能只有在整体人格之中才能显现出来，因此，无论展示出来的是什么，都在将我们引向解决方案。

我们就像是考古学家，发现了陶土制品的残片、工具、建筑物的残墙断垣、断裂的纪念碑、破碎的古文献，发现了足以讲述整个消失城池的遗迹。但是我们面对的，并不是已经消失了的城池，而是所有元素交织在一起后，所反映出的一个人的方方面面。我们分析人格时，其实是在把个体性格如万花筒般的表达，和个体对生命层出不穷的解读，用有机的方式拼凑在一起，然后形成一个活生生的人格。

想要真正了解一个人，绝非易事。个体心理学也许是所有心理学流派中，最难学习和实践的。它要求我们在听的时候不能偏听偏信，而要纵观整体，直到关键之处浮现出来。这意味着，我们切忌以偏概全，而是要从无数细微的线索中搜集信息——包括一个人进入房间的动作、和我们打招呼的方式、他们的笑容、走路的样子。我们也许会在某一处误判，但总会在其他地方显示出来，提醒去进行纠正。治疗本身，就是在练习合作，并考验合作的程度。只有真正为他人着想，我们的治疗才能成功。我们要能够用他们的眼睛来看，用他们的耳朵来听。反过来，他们也需要和我们达成共识，一起搞清楚他们的态度和观点，以及他们的症结所在。即便我们自认为已经了解他们了，但如果他们不能从我们的结论中了解他们自己，那就证明，我们对他们的了解并不正确。有漏洞的真理，永远不能称之为完整的真理。

正是因为有些心理流派没有认识到这一点，才导致推出了“负移情和正移情”的概念，而个体心理学对此并不认同。治疗一个娇惯成性的患者时投其所好，也许确实能很快赢得他们的信任和好感，但即使表面上他们很合作，内心的支配渴望却会更加强烈。如果我们故意怠慢或轻视他们，也可能会诱发他们的敌意，他们会中断治疗，或让医生难堪，以此证明自己没有错，为自己开脱。迎合他们或忽视他们，都不能真正帮到他们，正确的做法，是应该显示出我们对他们的关心。

真正的关心，应该是真诚客观的。我们应该和他们合作，去发现他们的错误。这是为了他们自己好，也是为了其他人好。认识到这一点，我们就不会以高高在上的权威姿态对待他们，也不会过分纵容他们，任由他们依赖任性。

所有的表达中，最具有揭示意义的，就是个体的记忆。记忆，是伴随个体的重要提醒标识，提醒着他们自身的局限性，以及经历过的事情的意义。记忆的存在不是偶然现象，并不存在“随机记忆”这种情况，在个体经历的无数体验中，人们只会选择记住那些他们觉得对自身产生过影响的体验，无论这体验有多么模糊。可以说，他们的记忆如同他们的“人生故事”，他们会对自己反复讲述这个故事，从中获得温暖和慰藉，使他们不忘目标，并借助过去的经历来应对未来。一个人的日常行为中，利用记忆来稳定情绪的做法并不少见。如果一个人遭遇失败，被打击了，他们会回想起从前的失败经历。如果这个人是个忧郁的人，其回忆也是悲伤的。当他们积极乐观勇气十足时，则会选择其他记忆，这些记忆是愉快的，用以进一步巩固了他们的乐观。同样，当他们面对一件棘手之事时，他们将会想起那些能唤起正能量的记忆，然后以良好的心态迎接挑战。

梦境的作用，和记忆旗鼓相当。很多人在需要做出重大决定前，会梦见曾经取得过好成绩的考试经历。可见，他们将一次决定视为一次考试，他们会试图在梦里重现曾经的成功乐观心境。生活中，细微的情绪调整往往会造成一个人情绪总基调的转变。一个忧郁的人如果能回想起自己的好时光或成功经历，心境就不会那么的忧郁，但如果他认定“我这一生充满不幸”，则就会有意挑那些他们认为不幸的事件来回忆。

早期记忆和生活方式

个体的记忆，从来都不会和他们的生活方式背道而驰。如果他们认为自己优越感目标的确立是因为“人们总是羞辱我”，那么他们选择去记住的经历，也必然是那些“自认为被羞辱”的经历。当一个人的生活方式发生变化时，他们记忆的色彩也会跟着变化，他将会记住不同事件，还可能对已经记住的事做出不同的解读。

早期记忆具有特殊的意义。首先，早期记忆会用最简单的方式，显示出一个人生活方式的来源。我们可以从早期记忆，来判断一个孩子是被宠爱还是被忽略的。他是否在合作能力上得到过培养？他喜欢和什么样的人合作？他遇到过什么困难，又是如何应对的？一个视力有缺陷、却培养自己认真观察的孩子，他的早期记忆会和视觉有关。他的童年回忆可能会这样开始：“我环顾四周……”，或者是描述事物的颜色和形状。一个行动不便的孩子，因为想要走、跑或跳，他记忆里的事大都也会和这些有关。儿童时期所记得的事件，和一个人的主要兴趣点相关，如果我们能知道他的兴趣点，也就能了解他的生活目标和生活方式。正因如此，早期记忆对一个人的职业选择，也能起到指导作用。

我们还可以从早期记忆里，发现孩子和父母以及其他家庭成员之间的关系。早期记忆是不是准确并不重要，最重要的是，它代表着一个人的判断："即便是小时候，我也是这样的"，或"即便是小时候，世界也是这样的"。

这其中最有揭示性的，是他们讲述自己人生故事的开篇方式，以及他们能回想起来的最早的事件，也就是初始记忆。初始记忆，是儿童时期最初的回忆，将会揭示出个体最基本的生活观，是其生活态度的首次完整表达。这给了我们一个机会窥见到，他们将什么视为了成长的起点。如果不先了解一个人的初始记忆，我就无法正确分析其人格。

但很多时候，人们并不愿回答这个问题，又或者，他们不记得应该从哪件事说起。这种态度本身就很能说明问题，这等于告诉我们，他们不希望讨论自己赋予生活的意义，而且也没有与人合作揭示意义的打算。不过，大部分人还是很乐意谈起自己的初始记忆的，但他们仅仅将这些记忆视为事件，没有意识到这背后隐藏的意义。

几乎没人理解自己的初始记忆对其后来的人生有什么影响。事实上，大部分人都会在初始记忆中袒露出他们的人生目标，和他人的关系，以及对外部环境的看法。初始记忆另外一个重要之处，在于它浓缩了大量信息可供我们挖掘。如果一整个班的学生都写下了他们的初始记忆，只要解读方法正确，我们就有了了解整个班孩子的珍贵资料。

分析初始记忆

让我来列举几段初始记忆，以方便我们理解其意义。以下这些对象中，除了他们提供给我的记忆片段，我对这些人毫不知情，甚至不知道他们是孩子还是成人。我们从他们的初始记忆中推论出来的意义，需要用他们人格中其他表现形式加以检验。但分析这些记忆片段却可以训练我们以小见大的推测能力，学会分辨真假，对比分析。尤其需要注意的是，我们能看出来，一个人是否受到过合作的培养和自我培训，是否勇敢，是希望得到支持与呵护，还是希望独立自主，是乐意给予，还是只关心索取。

案例一："因为我妹妹……" 在初始记忆里，出现在生活环境里的人很值得我们去注意。当出现姐妹时，我们可以断定，这个人受其影响很深，他的妹妹给他的成长造成了阴影。一般来说，家庭中某个孩子的优秀，无形中会给其同胞造成压力。通常我们会发现这两人之间存在竞争关系，他们总是在赛跑，而这给成长添加了额外的负担。一个孩子如果心心念念想着占上风，他就不会顾及他人的感受，无法真诚地与人合作，并拓展自己对社会的兴趣。然而，我们也不能急着下定论，也有一种可能是，这两兄妹是好朋友。让我们接下来看。

“因为我和妹妹是家里最小的孩子，直到她可以上学了，我才被送进学校。”现在，竞争关系变得一目了然。“我妹妹拖我后腿！她比我小，我却不得不什么事都让着她，她限制了我的发展。”我们可以预料这个女孩或男孩的感觉：“生活中最危险的事，就是有人限制了我，妨碍了我自由成长。”可见，写下记忆的应该是个女孩，因为男孩不太可能受到妹妹上学年龄的限制，家长不太可能让男孩用这种方式承担起照料妹妹的责任。

“所以，我们是同一天入学的。”我们认为，对她这样一个比同龄孩子大的女孩来说，上同一个年级不是一件很好的事。这也许会让她觉得，因为她年龄大，她就得事事退让。这个女孩会认为自己受到了冷落，而妹妹是被偏爱的。女孩的这种感觉会逐渐浸透她的思维，进而影响到她对生活中其他事件的解读。她将会因为被忽略而去埋怨别人，同时，如果她比较偏爱她的某位家长，她还会努力去赢得他的喜爱。

“我记得很清楚，我母亲对每个人说我们第一天上学后，她有多么孤独。她说：‘那个下午我跑到门口张望了好几次，看孩子们回来了没。我以为她们永远回不来了。’”这是对女孩母亲的描述，但显示出的，是这位母亲的感情用事，而这也就是这个女孩对她母亲的印象。但如果仔细研究“她觉得我们好像永远回不来了”这句话，会发现，这位母亲对孩子的疼爱一览无遗，甚至很紧张敏感，而且女孩们也捕捉到了母亲爱的表达方式。但对于女孩而言，她更倾向表达的，则是关于母亲对妹妹的偏心。这种偏心我们都很熟悉，因为在很多家庭里，最小的那一个永远是最受宠爱的。从这段初始记忆里，我可以推论，大一些的那个女孩，因为妹妹的存在感受到了一种竞争，觉得自己遭到了排挤。在她成人后的生活里，我们应该可以看见妒忌的表现以及对竞争的恐惧。如果她排斥比她年轻的女性，这对她而言是很正常的反应。有些人确实一辈子都觉得别人都很年轻，偏偏就自己特别老，很多妒忌心强的女性，在面对比她们年轻的女性时，会觉得自己不如她们。

案例二："我最早的记忆是爷爷的葬礼，那时我三岁。"这应该是一位女孩写下的。死亡留给她很深的印象。这意味着什么？她认为生活中带给人极端不安全感的，就是死亡，它是最大的危险。她从童年时期发生在自己身上的事情中，得出了这样的一个认知："爷爷会死。"也许，她是爷爷的心肝宝贝，他很宠她。

祖父母总是疼爱孙子孙女，和孩子的父母比起来，他们对孩子的管教约束要少，通常更渴求儿孙们围绕着自己，以证明他们依然被需要被爱戴。这是个无奈的选择，我们的文化，很难让老年人觉得他们仍然是有价值的，有时他们只能通过一些小手段来确定自己的重要性，比如：没事找事地生气和抱怨等。

从这个例子里我们可以看出，那位爷爷在她还是个婴儿的时候，应该就很宠惯她，他的爱深深地刻在了她的记忆里。所以当他去世时，她受到了巨大的打击，她由此失去了一个重要的照料者，同时也失去了一个同盟。让我们接着往下看。

“我清楚地记得，爷爷躺在棺材里，一动不动，脸色苍白。”就我个人的观点，让3岁的孩子看见亡者的模样，并不是个好的决定。至少，也要提前让小孩子做好心理准备。经常有孩子告诉我，看见死去的人，留给他们的印象非常深刻，永远也忘不掉。这个女孩同样也没有忘掉，而有过这种经历的孩子，大多会努力想要消除或克服死亡的危险。他们的理想通常是成为医生，因为他们认为医生在受到专业训练后，可以更好地对抗死亡的威胁。如果问及一位医生他的初始记忆，这回忆里通常涉及死亡。“躺在棺材里，一动不动，脸色苍白”——这个记忆和有视觉效应的事物有关。也许这位女孩是视觉型的人，喜欢用眼睛来观察一切。

“然后到了墓地，当棺材被放下去的时候，我看着那些绳子从硬邦邦的棺材底下被拽出来。”她又一次告诉我们她看见的情景，这证实了我们的推测——她是视觉型的人。“这个经历似乎留给我深深的恐惧，每当听到亲戚朋友或熟人去了另外一个世界，我都会被恐惧吞噬。”

我们再次感觉到死亡留给她的深刻印象。如果我有机会和她谈谈，我会问她：“你长大后想做什么？”也许她会回答说“医生”。如果她不回答或是回避这个问题，我会暗示：“你想当一个医生或护士吗？”

此外，她还提到了“另外一个世界”，我们可以认为，这是一种心理补偿，用另一个世界的存在，来帮助自己克服对死亡的恐惧。从她完整的初始记忆来看，我们已经得知，她爷爷对她很好，她是个视觉型的人，以及死亡对她产生的影响很大。那么，她从生活里提取的意义将会是“我们都会死”。这毫无疑问是真的，但其他人即使意识到这一点，也很可能不会像她那样终日担忧。

案例三：“当我 3 岁的时候，我父亲……”她父亲是首先被提起的人。我们可以认为，这个女孩对父亲的感情要深于母亲。孩子对父亲产生兴趣，往往出现在成长的第二阶段。在第一发展阶段，孩子的兴趣更多是在母亲身上，因为在 2 岁以内，孩子通常和母亲的合作更紧密，孩子需要母亲，依恋母亲，并将感情都寄托在母亲身上。如果有一天，孩子开始依赖父亲了，母亲则失去了她在孩子心目中的重要性。发生这样的变化，通常是因为孩子不喜欢自己的处境，而最大的原因，则是另一个孩子出生了。对于这个案例来说，如果我们得知这个记忆里还有一个比讲述者小一点儿的孩子，我们的推测就是正确的。

“我父亲给我们买了一对矮种马。”这说明，家里至少有两个孩子，这时，我们就应该注意另外一个孩子的出现。“他牵着缰绳将马带到了家。我姐姐，她比我大三岁……”这时，我们需要修正我们的推测，我们前面以为讲述者是姐姐，结果她却是比较小的那个。也许，她的姐姐是母亲所偏爱的，所以这位女孩首先提起的是她的父亲，以及作为礼物的两匹马。

“我姐姐拉起一根缰绳，牵着她的马趾高气扬地走在大街上。”在这里面，占上风的是姐姐。“我的小马急匆匆地跟在那一匹后面，但他们走得太快了，我跟不上。”而后面，则是姐姐给妹妹带来的结果：“追着追着，我就摔倒了，被小马拖着摔在了泥里。”原本是兴冲冲地期待，却这样以丢人现眼的一个跟头结束了。我们可以很确定，这个女孩会这样认为：“如果我不加油，我姐姐就会总是抢在我前面，我总是摔在泥地里的那个。唯一途径就是当第一，这样才不会丢脸。”那位姐姐更讨母亲欢心，这也是妹妹开始亲近父亲的原因。“虽然后来，我在骑术上超过了姐姐，但也没化解掉我心里的失落。”这也证实了我们之前的种种猜测。我们可以看见这两姊妹之间的较量，妹妹觉得：“我总是落在后面，我得努力超过他人。”我在前面提到过，这种现象常常发生在老二或最小的那个孩子身上，他们眼里，总是有个竞争对手需要自己去攀比、去超越。这位女孩的记忆，强化了她的这一态度，就像总有一个声音在对她说，“一旦有人在你前面，就会对你造成威胁。你必须要成为第一。”

案例四：“我最早的记忆，是去参加聚会等社交场合。是我姐姐带我去的，我出生时，她都 18 岁了。”这位讲述者记得自己是社会的一分子，也许，我们能在其记忆里发现突出的合作能力。而姐姐比自己年长 18 岁，更像是一位母亲一样，或许，姐姐是家里最疼爱自己的人，她似乎在用一种比较聪明的办法来拓展妹妹的社会兴趣。不过，接下来的讲述是：

“因为姐姐是家里前 5 个孩子里唯一的女孩，我出生后，她自然很高兴地带着我这个唯一的妹妹到处炫耀。”姐姐的动机似乎和我们想的有出入。当一个孩子被拿来“炫耀”，他有可能会着迷于被他人喜欢和欣赏，却不会想要为他人付出。“她走哪都带着我，我那时还很小。这些聚会留给我的唯一记忆就是，我总是被催着说话，姐姐常催我：‘告诉这位女士，你的名字’等等。”我认为，这是一种错误的教育方式，很容易导致孩子口吃或有语言障碍。孩子口吃，主要是因为大家对他说话显示出过分的关注，孩子没有学会自然轻松地和人交流，反而学会了自我关注，想方设法寻求别人的赏识。

“我还能记得，如果我不说话，那么回到家后，我就会免不了要挨姐姐一顿批评，最后我就变得讨厌出门，讨厌见到其他人。”现在，我们之前的推测被推翻了，讲述者的初始记忆反映出来的是这样的意义：“我被带出去和人接触，但我发现这并不令人愉快。由于这些经历，我从那时起就反感与人交流，更别说合作了。”即便讲述者已经成人了，很可能还是不喜欢结交人，因为担心别人都在关注她的一言一行，她无形中承受了很大的压力，因此她会在和人相处时觉得尴尬，觉得社交太让人疲惫。这种心理的养成，让人难以放松，难以平等待人。

案例五：“我小时候，发生了一件非同寻常的大事。我那时大约 4 岁，我的曾祖母来看我们。”我们前面说过，祖父母一辈一般比较溺爱隔代子孙，但我们还不清楚曾祖父母在这方面的表现。“她在的时候，我们拍了张（四世同堂的）全家福。”

这位女孩很在意自己的家族构成，因为她强烈地记得曾祖母的到来以及全家福的照片，我们也许可以认为，她对家人的依赖感很强。如果我们是对的，我们会看见，她的合作范围不会超出家庭之外的人。

“我清楚地记得，我们开车去了另一个镇，到了照相馆后，我换了件白色绣花裙。”也许这位女孩也是视觉型的人。“照全家福之前，我弟弟和我两个人先照了一张。”我们又一次看见了她对家人的兴趣。她弟弟是家庭的一部分，我们应该可以听见更多关于他的事。“他被放在我旁边的椅子扶手上，还往他手里塞了个鲜红色的球抓着。”她记住的细节又和视觉有关。“我站在椅子旁，没人往我手里塞任何东西。”现在，我们看见这个女孩的主要诉求了——弟弟得到的偏爱比她多。我们也许可以猜测，弟弟的出生，夺走了她的地位，她不再是家里最小、最受宠的那一个，而她对此很有意见。“我们还得微笑。”她的真实意思是：“他们试图让我笑，可我为什么一定要笑？他们眼里只有弟弟，还给他个鲜红色的球，但给了我什么？”

“轮到照全家福了，每个人都想要展示出自己最好的一面，除了我。我笑不出来。”这时，她在攻击自己的家人，因为他们对她不够好。她的初始记忆告诉了我们，她对家人耿耿于怀。“让弟弟笑的时候，他就听话地笑了。可我到现在都不喜欢照相。”这些回忆，让我们洞察到大多数人认识生活的方式。我们记住某种主观的印象，并用它来合理化自己一系列的行为。我们从印象中自己提取出结果，然后把这当成是所有人都该看到的事实。我们能确定，照相的时候她一定闷闷不乐，而且她至今痛恨照相。我们发现，任何人如果不喜欢某事，就会为自己的厌恶找出一个特别合理的理由，比如从自身的经历中挑出某事，让它来承担所有责任。这份初始记忆，向我们揭示了讲述者人格的两个方面。首先，她是视觉型的人；其次，也是更重要的一点，就是家人对她很重要。她初始记忆中的所有行为，都发生在家庭范围内，或许，她不太适应社会生活。

案例六："我最早的记忆之一，也可能不是最早的……那时我大约3岁半。一个为我父母工作的女孩带我表兄和我下了地窖，给我们品尝了苹果酒。我们很喜欢喝。"对她来说，发现自家地窖里有苹果酒，是件很有趣的经历，这是探索之旅。如果我们必须现在就做出判断，我们或许可以在两种猜测中选择一个：也许，这个女孩喜欢经历新事物，面对生活积极有勇气。但也许，恰恰相反，她的意思是，有许多比自己更强大的人会诱骗我们，将我们引入歧途。接下来的记忆，会帮我们决定她到底属于哪种情形。"过了一会儿，我们还想再喝点，于是我们就自己动手了。"看来这是个大胆的女孩，她有独立自主的意识。"在这期间，我的腿不听使唤了，把酒桶碰翻了，酒洒了出来，把地窖弄湿了一大片。"这些让人不舒服的描述，可以让我们预见到，一个禁酒者诞生了。

"我不知道是否因为这段经历，我讨厌酒精饮料，尤其是苹果酒。"我们再次看见，一件小事被加工成某种生活态度的来由，虽然这件事本身只是个意外，没有严重到必然影响一个人生活态度的程度，但对于某些人来说，比如这位女孩，她在心里将这件事当作厌恶酒精饮料的有力理由。我们也许还会发现，她是个能从错误中吸取教训的人。也许她真的很独立，知错就改，这个特质也许会反映在她生活的所有方面中。如果真的是这样，那么她确实有个很不错的人格类型：积极，勇于进取，不断完善自身，总是寻求最好的生活方式。

在所有的这些案例中，我们要做的，就是训练我们的推测技能，但在我们确认自己推测之前，我们需要了解其人格特征，以佐证自己的推测是否正确。现在，让我们看看我在实践中接触到的案例，它们显示出，人格的一致性会反映在自己的所有的表现中。

一位 35 岁的男子患有焦虑性神经症，他只要离开家，就会倍感焦虑。一直以来，他都在逼迫自己找份工作，可他一到工作岗位，就会叹气哭泣，一整天都是这样伤心，只有傍晚回到家、待在母亲身边，状态才会好起来。我们问了他的初始记忆，他说："我记得 4 岁时，我坐在家里的窗户旁边，看外面的街道，我喜欢观察那些忙着工作的人。"他想要看别人在工作，而他自己就想坐在窗边，观察他们。他一直认为，生活的唯一方式就是靠别人养活自己。如果要改变他的状况，我们能做的，就是将他从思想的桎梏中解放出来，让他相信自己能在工作中与他人合作。我们需要改变的是他的生活观，而不是责备他或者用药物治疗等调节手段。他的初始记忆还告诉我们，应该建议他去从事他感兴趣的工作，而他的主要兴趣是观察。我们发现，他眼睛近视，因为这个缺点，他更关注视效很强的事物。在他治愈后，果然发现了一份和他的兴趣相符的事情，他开了家艺术品店。就这样，他终于在职业领域做出了自己的贡献。

一位 32 岁的男子来治疗，他患有神经症型失语症。他只能低声说话，却无法大声说话，这种状况已经有两年了。他的失语，是在这样的情况下发生的：一天，他踩到了香蕉皮上，滑倒撞在了出租车窗户上。接下来的两天，他一直呕吐，并伴有偏头疼。毫无疑问，跌跤导致了某种程度的脑震荡，但奇怪的是，他的喉咙部位并未发生病理性器官病变，所以，脑震荡不足以解释他为何不能说话。一连 8 个星期，他完全说不出话。他的这场意外已经成了法律官司，法庭一直没有做出裁决。他将这件事完全归咎于出租车司机，并且起诉出租车公司，要求获得赔偿。由此我们倒是理解，如果他显现出伤残现象，那么在这场官司中获得赔偿的概率会更高。我们当然不是说他有意设局欺骗大众和法官，但他确实没有足够的动机开口说话。事实很可能就是，他真的一度因为摔跤而失语，但当症状逐渐减轻时，他却没理由让自己彻底痊愈。

我们问了他的初始记忆，他说："我在悬挂的摇篮里躺着。我记得看见挂钩脱落了，摇篮坠落，我摔得很疼。"没人喜欢摔倒，但是这位男子对摔倒过分渲染了，"摔落下来后，门开了，我母亲进来了，吓了一大跳。"他因为摔了下来，而得到了母亲的关注，但这份记忆同时也是种谴责，谴责母亲没有照顾好自己。这和他责备出租车司机和出租车公司的原理如出一辙，他们都没对他尽心尽力。这就是典型的被溺爱的孩子的生活方式：他试图将责任全部归咎于他人。

他接下来的记忆，还在重复着这种想法："5 岁时，我从 20 英尺高的地方掉了下来，一块大板子压在了我身上。大约有 5 分钟那么久，我都说不出话来。"看来，这位男子的失语是种习惯，他培养自己有了这种技能，并把摔跤当作拒绝说话的理由。虽然，我们看不出来摔跤和失语之间有什么联系，但在他看来，摔跤就是失语的原因。他之前尝试过这种方法，所以现在如果他摔倒了，无法说话的情况就会自动出现。如果他承认这是个错误的认知，认同摔倒和失语没有因果关系，他还是可以被治愈的，起码不会因为一块香蕉皮而两年都无法正常说话。

然而，他的记忆向我们展示了，他为何无法做到这一点："我母亲跑了出来，看上去激动又慌张。"他的两次摔落，都吓坏了他母亲，他也因此得到了母亲的关注。他是个想得到宠爱的孩子，希望成为关注的焦点。我们可以理解，他为何想要因为失语得到赔偿，如果其他被溺爱的孩子经历了同样的事，也会这样去做，只不过，他们也许使用的不是失语，而是其他招数。失语是这位病人从人生经历中总结的独特生活方式，是他个人的专利。

一位 26 岁的年轻男子找到我，因为他总是找不到合适的工作。8 年前，他父亲将他安排在经纪行业，但他一直不喜欢，最近辞掉了这份工作。离开了经纪工作后，他一度离开家并在另一个镇子找到了一份工作，但家里来信说母亲病了，于是他又回到了家里去住。后来，他试着去找其他工作，但都没有结果，他因此失眠，而且经常有自杀念头。

从这段人生经历我们可以推测出，他是个被母亲宠爱的孩子，而他的父亲曾试图用父权操纵他的人生。而他的生活，就是反抗父权的限制。当问及他在家里的排行，他说他是最小的，也是家里唯一的男孩。他有两个姐姐，姐姐们总是指挥他，而父亲总是挑他的毛病，他觉得家人都在压制他，只有母亲是唯一的朋友。

他 14 岁才开始上学。后来，他父亲将他送到了农业学校，为的是让他将来能在家里的农场里帮忙。他在学校表现很好，成绩也不错，但他不想在农场干活，于是他父亲为他在经纪公司安排了工作。这种情况下，他能够干 8 年，也算得上是奇迹了。他之所以坚持下来，是因为想尽量有能力为母亲多做些事。

孩提时代的他有些邋遢，胆小怕黑，很怕独处。通常，一个邋遢的孩子背后，总有一个人在为孩子打理一切。而怕黑、怕独处的孩子背后，总有一个随时关注他、安慰他的人。在这个孩子的例子里，这个人就是他的母亲。他能跟陌生人打交道，但却觉得交朋友并不容易，在他看来，她父母的婚姻是不快乐的，所以，他自己也从未谈过恋爱，更不想结婚。

他父亲总是对他施加压力，要求他从事经纪工作。他自己希望进入广告业，但他确信，家人不会资助他去进行和这个职业相关的学习。从任何一方面来看，他的行为都是为了与他父亲对抗。当他在经纪公司上班的时候，他从来没意识到，他在自己挣钱，完全可以用自己的钱去学习广告。而他现在想去学习，也不过是为了向他父亲发难。

他的初始记忆，清楚地表明了一个被溺爱的孩子对专横父亲的反抗：他记得自己在父亲的餐厅里干活的情形，他喜欢清洗餐盘，喜欢将它们从一个餐桌换到另外一个餐桌上。但他摆弄餐盘的行为，惹火了他父亲，当着顾客的面，他父亲扇了他一巴掌。他将这个经历视为证据，证明父亲就是他的敌人，而他的一生就是为了和他对着干。他没有想要去从事某项工作的强烈渴求，只要能让他父亲不痛快，他就心满意足。

他的自杀念头，其实也很好解释。任何自杀行为都是种指责，他想用自杀表达出："一切都是我父亲的错。"他对工作的不满，也是为了将矛头指向父亲，只要是父亲提出的任何计划，他都会反对。

可另一方面，他是个在母亲溺爱中长大的孩子，这让他难以通过工作来实现独立。他并非真正地想工作，他只想无所事事地活着，但他还是愿意听母亲的话，和她保持合作。

他和父亲的这场战争，和他的失眠又有着什么关系呢？

如果他失眠，第二天他就没精神上班。他父亲希望他上班，可这个年轻人状态疲倦，根本无法去工作。当然，他不会直接说："我不想去上班，不想被父亲强迫。"他其实很在意自己的母亲，也明白家里糟糕的经济状况，如果他直接拒绝去上班，家人将会认为他没救了，不愿再养活他。他需要一个冠冕堂皇的借口来“合理”地逃避工作，于是，就有了这个特别适合的症状——失眠。

他开始表示自己从不做梦，但后来，他又说自己想起了一个经常出现的梦：他梦见有人朝墙扔球，球总是弹到了一边。这似乎是个不起眼的梦，我们能从中发现他生活方式的蛛丝马迹吗？我们问他：“然后发生了什么？当球弹开时，你是什么感觉？”他说：“球一弹开，我就醒了。”现在，他失眠的整个结构展现在我们眼前了。他是用这个梦当闹钟，来叫醒自己。他想象人人都想把他往前推，像踢皮球一样，督促他驱使他去做他不想做的事。所以，他梦见有人朝墙扔球，而他总是会在这个时刻醒过来。但醒来后的失眠，就会造成第二天疲乏，无法去上班。而他父亲又很希望他能去工作，于是，他用这种迂回战术，打败了他父亲，让他父亲的希望落空。他其实很聪明，能发现并利用这些武器，但是，他的生活方式，无论对他自己还是对其他人来说，却都很糟糕，我们必须要帮他做出改变。

在我向他解释了他的梦之后，他意识到了梦中蕴含的意义，就不再做那个梦了，但是他对我说，他有时依然会在晚上醒过来，第二天依然疲倦。在认识到梦的目的后，他就不敢再做这个梦了。但他仍然试图通过其他方式来让自己白天没精神工作。我们该怎样帮他？唯一的方式就是让他和父亲和解。只要他依然想去激怒并打败他父亲，就什么也不会改变。

在治疗时，我们要格外注意一点，从一开始，我们便要认定患者的态度是情有可原的。于是，我对他说："你父亲似乎确实做错了。他这样滥用父亲的权威，总是对你指手画脚，一点也不明智。也许他有些心理问题，需要得到治疗，但你能怎么办呢？下雨天你可以打伞或乘出租车，但你不能和雨作战，或试图制服它。你现在就是在和雨打架，你认为这是勇敢，相信你占据了上风，但你的胜利代价，实在太惨重了。"

我对他明确表示了他所有表现中的共性——对工作的不确定，自杀念头，离家出走，失眠。并且向他挑明，他所有的这些表现，都是用自罚以罚人。然后，我给了他一个建议："你睡觉时，如果总想着你要时不时地叫醒自己，这样你明天就会很疲倦。而你明天疲倦的话，就无法去工作，你的父亲就会因此发脾气。"我让他自己去面对这个事实：他的主要兴趣是激怒并伤害他的父亲。如果我们无法消除他的反抗心理，一切治疗都是无用的，他需要自己去认清这一点。

恋母情结的改变也与之类似。这位年轻人一心想着毁灭父亲的同时，却对母亲有着很深的依恋，但这和性心理无关。她母亲溺爱他，他父亲却不知道体恤他，他从小没有受到正确的教导和培养，他因此也错误地解读了自己的处境，认为是父亲造成了他的一切问题。只要有和他一样的父亲和母亲，这种态度便可以在任何一个孩子身上被激发出来。一个孩子拥有反抗父亲的强烈渴望，但却缺失独立反抗的足够能力，那他会采用这样的生活方式，也就不足为奇了。

梦境

What Life Could Mean to You

第五章

几乎每个人都做梦，但是很少有人懂得自己的梦。做梦是常见的现象，但那些梦本身的内容更像是无法理解的谜团。人类总是对梦很感兴趣，也总想知道它们的含义，很多人认为他们的梦具有深意。

人类对梦的兴趣很早开始了，然而却依然难以形成具体的概念，人们不知道做梦时自己是在干什么，又为什么会做梦。据我所知，只有两种释梦的理论学派算得上全面和科学，这两个释梦学派分别为：弗洛伊德精神分析和个体心理学。不过，这两个学派中，只有个体心理学家会认为，自己的释梦方式符合常识。

对梦的早期理解

人类早期为了理解梦，做过很多尝试，这些尝试或许不科学，却值得我们借鉴，至少它们揭示了人们对梦曾经的看法和态度。因为做梦是精神的创造活动，所以，如果我们知道了人们期待从梦里获得什么，就几乎等于知道了人做梦的目的。在对梦进行研究的初期，人们发现一个惊人的现象——大家似乎理所当然地认为，梦境指向将来。人们常感觉，在梦里有某种魂灵，比如神或祖先，将会控制做梦者的意识，对他们施加影响。还有人在遇到困难时，会把梦当作一种指引。

古老的解梦书提供了各种解释，告诉我们一个人的梦具体预示了怎样的未来。远古时，人类在醒来后，会首先寻找梦里的兆头和预示。古希腊人和埃及人到庙宇里求拜，希望能获得一个神圣的梦，来影响他们的未来。他们祈祷能够做到的梦是有治愈效果的，能消除肉体痛苦或精神烦恼。美洲印第安人，通过净化、辟谷以及汗蒸，千方百计想要招来希冀之梦，并且会根据梦的解释来行事。《旧约圣经》总是将梦解释为对未来事件的揭示。即便是今日，也有些人坚称，他们做过的梦后来变成了现实。他们相信，在梦里他们具有穿越时光的能力，所做的梦或多或少与未来相关，可以预示即将发生的事。

从科学角度来看，这些观点对我们来说似乎荒唐。自从我开始尝试研究梦这一谜题后，我发现一个人在梦中的预测能力，远不及神志清醒的时候。而我更肯定的是，和清醒时的思维活动相比，梦境所表达的内容并不会更明晰、更有预示性，反而是更混乱、更让人迷惑不解。

然而，梦境也确实在某种程度上和未来有些关系。也许我们会发现，梦境所显示的，多少有那么一些真实性，并非完全是荒谬的。从真实的角度来看的话，梦境也许为我们提供了了解真相的关键。我们相信，一个人做梦的目的是在寻找未来的指南，以及解决难题的方法。当然，这还不足以支撑"做梦能预示未来"的观点。而且，我们还需要考虑，我们到底需要什么样的解决方法，又在哪里能找到它。而一个梦能提供的任何方法，都不会比审时度势、认真思考后所得出的方法更好。但我们却可以认为，做梦时，个体是很希望能够在梦中找到解决问题的方法的。

弗洛伊德派的释梦观

弗洛伊德派认为，梦的意义是可以被科学地分析的。然而，在一些方面，弗洛伊德式解梦却超出了科学的范畴。比如，它提出意识的运作在白天和夜间是有差距的。“意识”和“潜意识”是互相对立的，而梦出现在夜晚，有着自身独特的规律，和白天的思维规律相对立。

对个体心理学来说，这种二元对立观是不科学的态度。在古代哲学家的思想体系中，我们总能看见这样的处理方式，将事物的概念简单地用对立方式来表达，将事物看成是相对的。

这种二元对立观，在神经症患者身上极为突出。人们经常认为左和右、男和女、热和冷、轻和重、强和弱都是矛盾对立的。然而，从科学角度来看，这些并非是二元对立的现象，而是同一本质的不同变体。好和坏、正常和非正常，都不是互相对立的，而是程度不同的变体。它们就像是同一把尺子上的不同刻度，间距不同，相对距离便不同而已。

任何理论，如果将睡眠和清醒、梦里的思维和白天的思维视为对立的存在，其本质就是不科学的。

弗洛伊德观点中的另外一个问题在于，它认为梦起源于性。那就意味着将梦与人类的其他日常行为和寻常活动分别看待了。如果这种观点是真实的，梦的意义将不再是全部人格的表现，而只是部分人格的表现。弗洛伊德的拥护者们，其实也发现了对梦进行性解读存在局限性，就连弗洛伊德本人也提出过，可以在梦境里发现潜意识中与性本能相对的死亡本能。

梦境，就如我们发现的那样，是寻求依靠轻松的方法来解决问题，表达出了做梦者勇气和信心的丧失。然而，弗洛伊德式的解释有着很强的隐喻性，很难直观地让我们得出结论，无法知道整个人格是如何反映在梦境里的。不过，我们还是可以借鉴一些弗洛伊德式的观点的，比如这个观点就非常有价值：梦本身并不重要，重要的是梦所代表的潜在思想。个体心理学也得出了类似的结论。但弗洛伊德精神分析法缺乏的，正是个体心理学的第一要素——认识人格的一致性，以及个体在思想、语言以及行为的整体性。

第一要素的缺乏，也可以从弗洛伊德派对释梦的关键回答中看出来："梦的目的是什么？我们为什么会做梦？是为了满足个体没有实现的欲望。"但是这种回答，并不能解释所有的事情。如果梦消失了，一个人忘了自己的梦或不能理解这个梦，那满足感又从何而来？如果梦境活动和白日生活是分开的，一个梦带来的满足也只局限于梦境中。如此一来，我们就无法兼顾做梦者人格的一致性，而梦对清醒的人来说，也不再有任何意义。

晚上做梦的人和白天清醒的人，是同一个人，所以从科学角度来看的话，梦的目的必须要适用于整个人格。有一种人的整个人格和“做梦是为了满足个体没有实现的欲望”理论相符合，就是被溺爱的孩子。他们总是在问：“我如何才能得到满足？生活能带给我什么？”他们也许会在梦里寻求满足，就像他在所有的行为中所表现的那样，但事实上，如果我们仔细研究的话，我们会发现弗洛伊德式的理论，其实只是被溺爱的孩子的心理学。这样的孩子觉得，他的本能渴望绝不容被人拒绝，认为他人的存在对自己而言是不公平的，他总是问：“我凭什么要爱我的邻居？我的邻居难道爱我吗？”精神分析法一开始的推理依据，就是被溺爱的孩子，并将这些依据研究得透彻淋漓，细致入微。但是追求满足，只是追求优越感的百万种变体之一，我们不能将其视为所有人格表现的动机。如果我们真的发现了做梦的目的，这就能帮助我们理解，人们为什么会遗忘自己的梦，又为什么无法理解自己的梦。

个体心理学的释梦观

大约 25 年前，我开始试着去研究梦的意义时，所面对的最尖锐的问题，就是以上这些话题。在我看来，做梦和清醒时的活动并不对立，它一定和现实生活中其他各种行为和表现相一致。如果我们在白天忙于追求优越感目标，我们晚上在梦中也不例外，而且在梦里面对的也是同一个问题。每个人在睡梦中和清醒时，都带着同样的目标，而且这个梦一定是其生活方式的结果，一定有助于建立并强化此生活方式。

强化生活方式

这一现象，有助于我们直接理解做梦的目的。我们晚上做梦，醒来后就忘了它们，什么也没留下来。但真的是什么也没留下来吗？其实，还有一部分痕迹尚在，那就是我们被梦激发出的感觉。梦里的画面消失了，对梦的理解也就不存在了，残留下来的是梦带来的感觉。梦的目的一定就在被激起的感觉中，梦只是个方式，是工具，用来刺激出感觉，因此最后留下的会是感觉。

一个人产生的感觉，一定与其生活方式保持着一致。梦里的思想和白天的思想之间，没有绝对的差别，也没有严格的界限。它们之间的不同，可以用一句话概括：做梦的时候，我们与现实的关联减弱了，但并没有完全脱离现实。如果我们白天有忧思，做梦也会有惊扰。事实上，在睡觉期间，我们会调整身体，以免从床上掉下来，而这一事实说明，睡梦和现实的联系依然存在。一位母亲会在窗外传来的嘈杂声中睡着，但孩子的一点动静就会让她醒过来，可见即便是睡觉的时候，我们也和身边的环境保持着联系。

然而，睡着时感知虽然没有消失，但的确变得很弱了，我们和现实的联系也就因此减少了。当我们做梦时，我们是独自一人，外界对我们的束缚，不再那么强烈而明显。在梦中的思想里，我们不再需要做出和周围的环境完全相符的反应。

如果心中没有忧虑，并且有解决问题的办法，我们的睡眠会是安稳宁静的。而干扰睡眠的最常见现象，就是做梦。我们可以肯定的是，只有在不确定如何解决我们的问题的情况下，我们才会做梦。即便是在睡觉时，生活的现实也会压迫进来，向我们发难，而这也是梦的任务：处理我们面临的问题，并提出解决方法。

现在我们就可以分析一下，我们是以什么样的方式，在睡梦中解决问题的。在梦中，我们要处理的不是整个局面，问题将会显得好对付一些，所产生出的解决方法，也不需要我们做出大的调整或改变。梦的目的，就是支持并保护自己的生活方式，去激起和生活方式相符的内心感觉。但是，生活方式为何需要支持？哪些因素有可能威胁到生活方式？面对现实和常识，梦常常不堪一击，因此，梦的目的是维护生活方式，对抗常识的制约。这是一个很有启发性的观点，如果一个人面对问题时，不想以合乎常识的方式去解决，那么就可以用梦激发的感受，来巩固自己的态度。

从表面上看，这似乎有悖我们清醒时的生活，但这其实并不矛盾。我们在睡梦中激起感觉的方式，也许与我们在清醒时感情波动的方式是一致的。如果某个人遇见了问题，却不想理智地去面对，他就会想尽办法来为自己的生活方式自圆其说，让它看起来合情合理。比如，他的目标是为了不劳而获，不愿努力奋斗，也不愿为他人做出贡献，赌博在他看来就是实现这一目标很好的方法。他也知道很多人因为赌博倾家荡产，身陷泥潭，但他希望过逍遥日子，希望一夜暴富。这时，他会怎么做？他会在脑海里浮现出有钱的好处。他想象自己投机倒把赚了大钱的画面，买车买豪宅，应有尽有，生活奢侈，而人人都羡慕他是个富豪。这些画面，让他产生热血沸腾的感觉，促使他去铤而走险。他会违背常识，拒绝脚踏实地过日子，走上赌博之路。这种现象，在生活中随处可见。

同样，如果我们正在干活，有人过来告诉我们，他看了一场精彩的戏剧，我们或许会想要停下手中的活，到剧院去看戏；如果一个人在热恋中，他会在脑海中忍不住勾画两个人的未来，他越是沉醉其中，勾画的未来就会越美好；而一个人如果很消沉，他勾画的未来也会是暗淡无光的。但无论是哪种情况，他都是在激起自己的感觉，从一个人激发情感的方式，我们能够判断他是个什么样的人。

有时醒过来后，我们不记得自己的梦，只有感觉还在，那么在梦中，我们的常识还在吗？梦是常识的对手，它通常会将常识屏蔽。我们可能发现，那些不愿跟随自己感觉的人，和偏向于按照事物发展的客观规律去行事的人，通常不怎么做梦，或干脆不做梦。而那些回避理智声音的人，不愿以合乎常识的方式去解决问题的人，大多则是“梦中人”。常识，是合作关系的一个要素，那些没有受到很好的合作观念培养的人，会很排斥常识，而这类人也会经常做梦。他们不安、焦虑，想要维持自己的生活方式，避开现实的挑战，并为自己的生活方式辩护。

我们可以这样说，**梦是一种企图，试图在不改变自己现有生活方式的情况下，搭建起生活方式与现实之间的桥梁。生活方式是梦的主宰，决定了梦的目的。我们在一个人所有的特征和行为中发现的东西，也同样能从这个人的梦里找到。**无论做梦与否，这类人都会用同样的方式去处理问题，但是他做的梦，却为他的生活方式提供了有力的支持，和冠冕堂皇的借口。

如果这个结论是正确的，我们对梦的理解，就迈出了至关重要的新的一步：做梦，是我们欺骗自己的方式。每个梦都是种自我陶醉，自我催眠。它所有的目的，就是激起我们所需要的心境，以用来面对现状。我们可以在梦里看见和现实中一模一样的人格，但是我们也可以看见，在梦中，人格仿佛酝酿着醒来后要使用到的感觉。如果我们的观点是对的，即使从筑梦方式上，我们也能发现自我欺骗的痕迹。

为什么说，从筑梦方式上，我们也能发现自我欺骗的痕迹呢?

首先，我们会发现某些被专门选择出来的画面、事件和现象。我们前面提到过这种筛选，当一个人回顾往昔的时候，他会将过去的生活画面和事件在脑海中做成一个选集，所筛选的材料，都具有倾向性。他从记忆里挑选出来的，都是能支持他优越感目标的经历。而他的优越感目标又支配了他的记忆，决定他应该去记住什么。其次，在造梦的时候，我们也只选择那些能够强化我们生活方式的事件，去构建这个梦。因此，我们所选材料都是有意义的，它象征着我们生活方式的意义和眼前困难之间的关系。在梦里，生活方式提出着它自己的要求，而在现实中，处理这些困难则需要理智和常识，这和生活方式难免产生矛盾。

象征和隐喻

梦还会利用到哪些资源呢？从早期的对梦的记载中，和我们时代的弗洛伊德的特别强调中，我们都能看出，梦主要是由隐喻和象征构成。就如同一位心理学家所说的："在梦里，我们都是诗人。"那么，为何梦不能用简单直接的语言，而偏要用诗意的象征和隐喻呢？因为如果我们直白地表达，我们就没法回避我们的理智和常识。隐喻和象征却能将不同的意义合并在一起，可以在同一时间、用同一件东西表达两种意义，其中的一个意义甚至可以是完全错误的，并得出完全不合逻辑的结果。隐喻和象征就是这样被用来激起我们需要的感觉的。在日常生活中，我们也可以发现隐喻和象征得到使用，比如，如果我们想要指正某人的错误，我们会说："别像个孩子一样！"或者对被认为缺少男子气概的人，我们也会问："你哭什么？你难道是个女人吗？"也许一个高大的男人对一个矮小的男人非常厌恶，他会这样说："他就像个虫子，应该被踩死。"借助这个比喻，他想证明自己愤怒有理。

我们经常用隐喻来自欺欺人。当荷马描述希腊士兵像雄狮一样横扫战场时，他塑造了一个气势壮观的场景。如果他实事求是地说，人们会听到，这些神情疲倦衣衫褴褛的士兵是如何匍匐前进的。但他没有，他希望我们将他们想象成像狮子一样英勇无比。我们当然知道他们并非狮子，但是如果我们被告知士兵们气喘吁吁，汗流浃背，拼命让自己不要胆怯，或因为希望活下去而设法避开危险，我们还能形成难忘的深刻印象吗？隐喻给人带来美感，激发人的想象力和幻想。但需要强调的是，一个有着错误生活方式的人，如果使用隐喻和象征来激发感觉的话，将是件危险的事。

一个学生面临考试，这个问题非常直接，他应该带着勇气去理智地面对。但如果，他从小养成的生活方式的一部分就是逃避困难，他也许会做梦，并梦见他在打仗。在梦里，他将考试转化为打仗，靠着这一鲜明的隐喻，他会更加觉得自己的恐惧和逃避有充分理由。或者，他会梦见自己站在悬崖边，他必须掉头跑开，以免掉入深渊。他需要产生那种感受，将考试认同为深渊，并将逃避作为手段。这个例子也反映出，梦经常会采用的另外一种构建方式——梦会对问题进行裁剪，并将整个问题的某部分提炼出来，然后以隐喻的方法将其表达，将它当作全部的问题来对待。

如果另一个学生，她有勇气有想法，对未来满怀憧憬，她希望全力以赴地通过考试。虽然她也希望能获得支持和帮助，然而，她更希望的是增强自己的信心，因为，这是她从小就养成的生活方式提出的要求。考试前的晚上她做梦了，梦见她站在山顶之上。她的境况在梦里极大地被简化了，代表的只是所有生活情境中最微不足道的一部分。考试对她来说是个不小的挑战，但通过排除不必要的心理障碍，将注意力聚焦在成功前景上，她成功激起了相应的感受来帮助自己，增强自己的信心。第二天起来，她觉得心情愉悦，神清气爽，勇气倍增。只不过，虽然她增强了自己的信心，这其实也是一种自我欺骗，她并非是完全在以理性和常识面对困难，只不过是激发了自己的信心而已。

故意激发自己的某种感受或心态，是种常见的心理机制。一个人在跳过小溪之前，会不由自主地数三下。数三下难道就那么重要吗？跳跃的成功与否，和数三下之间真的有因果关系吗？毫无关系。然而，数三下是为了激发自己劲头十足的心境，以此来调动起所有的力量。我们的意识里，有各种资源可以用来加工、固定、强化生活方式，而其中最重要的资源，就是调动感受的能力。我们每个白天和夜晚都在调动感受，但是在梦里，这种调动也许更加清晰。

让我用自己做过的一个梦，来说明我们是怎么愚弄自己的。战争期间，我是一所专门收治患“炮弹休克症”战士的医院院长。对待这些无法克服恐战心理的战士，我尽自己最大的力量去帮助他们，让他们去做更简单的任务。这极大地减轻了他们的心理压力，治疗也常常很成功。一天，一位战士找到我，他是我见过的体形最好、最强壮结实的士兵，但他很抑郁。在我给他做检查的时候，我思忖着应该怎样帮他。于是，我对他说："你患了炮弹休克症，这让你情绪不稳定，但你身体健康强壮。我会给你分配一些更轻松的活，这样你就不用上前线了。"

但这位战士似乎并不满足，他希望自己能被直接送回家，因而对我说得可怜无助。他说："我原本是个穷学生，还想靠教书来养活父母呢。如果我不能教书了，他们会饿死的，会活不下去的。"

我倒是希望自己能送他回家，让他在办公室里做文职工作，但我担心，如果我提出这种建议，我的上司会很生气，因为前线需要士兵。最后，我决定用最诚实的方法去处理，我可以出具证据，证明他只适合站岗。那天晚上回到家后，我做了个恐怖的梦。我梦见我是个杀人犯，在黑暗狭窄的街道上乱跑，努力想搞清楚我杀了谁。我不记得是谁，但我感觉"我杀了人，我完蛋了，我这辈子就这样结束了。一切都完了。"就这样，在梦里，我四肢僵硬地站在那儿，浑身冒汗。

醒来后我第一个念头就是："我杀了谁？"然后我意识到："如果我不能让这位战士回到家乡，并且在办公室上班，也许他会被送往前线，死在战场上。如此一来，我就是个杀人犯。"现在，你可以看到，我是如何激发起负罪感来欺骗我自己的。我不是个杀人犯，就算这位士兵真的在前线牺牲了，我也是无罪的。但是我根深蒂固的生活方式，不允许我冒这种险，我认定自己是个医生，我的职责是救死扶伤，而不是伤害生命。我又想了想，如果我不让他回家，而是建议给他一个轻松的岗位，我的上司也许还会送他上战场，这样的话他的处境就会更糟。如此看来，如果我想帮他，唯一的方法就是服从常识的逻辑，不要让我的生活方式影响我的决定。因此，我给他出具了资格证，证明他只适合站岗。

接下来发生的事证明，遵守常识逻辑总是更好的办法。我的上司看了我的诊断建议后，划掉了它们。我当时想："糟了，现在他要把他送到前线了。早知道，我应该推荐他去办公室上班，这样也许更能证明他不适合上前线。"但我的上司随后这样写道："六个月文职服役。"而后来发生的事证明，这位上司是因为收受了贿赂，本来就准备要轻松放走那位战士的，而这位战士，从来没教过什么书，他说的一切都不是真的。他编这个故事，就是为了让我推荐个轻松的活儿，然后，那位受贿的上司就可以顺理成章地在我出具的诊断建议上签字，放他回家了。自那以后，我想还是不做梦更好。

梦被设计出来愚弄我们，蒙蔽我们，所以，梦会令人费解。如果我们懂得梦会欺骗我们，我们就可以对它们激起的感觉和情感置之不理，我们就会使用常识和理智去做事，拒绝被梦引导了行动。一旦我们理解梦的原理，梦也就失去了存在的意义。

梦是连接现实问题和生活方式之间的桥梁，但生活方式没有必要通过这种方式被继续强化。生活方式应该与现实直接相连，只强化固有的生活方式，只会导致更糟糕的现实局面。

只不过，梦的种类繁多，每种梦都揭示了人们在面对某种情况时的着力点。因此，每个人都会带着主观色彩去理解自己的梦，诠释隐喻和象征，没有任何的公式可言。下面，我将简明扼要地描述一些典型的梦，但并非为了提供释梦的指南，主要为了帮助人们大致地理解梦及其意义。

典型的梦

很多人都做过飞翔的梦。和其他的梦一样，这种梦的关键之处在于它们激起的感觉。它们带给我们的心境，是乐观和勇往直前的。在这种梦里出现的腾空而起的飞翔感，描绘了克服障碍的情境，目标变得毫无障碍，触手可及，让“追求优越感”变得轻而易举。这种梦使我们认为，我们是无惧无畏的人，高瞻远瞩，雄心勃勃，即便是在梦里，也不忘记自己的抱负。它们在现实中涉及的问题是：“我应该继续，还是就此罢手？”而梦做出的回答就是：“没有什么障碍能阻挡我。”

几乎每个人都梦见过坠落，这种梦很值得注意。它表明了人们的自我保护，恐惧失败，而不是努力去克服困难。从我们的教育传统来看，这种心理倾向一点都不难理解，比如父母会嘱咐孩子避免各种意外，小心谨慎，提防危险。孩子们总是被警告：“不要爬上椅子！不要动剪刀！不要玩火！”他们总是被想象中的危险包围着。当然，一些危险确实是存在的，但因此将孩子培养成胆小怯懦之人，是无法帮助他们应对危险的。

人们重复梦见自己动弹不得，或错过火车，所传达的意义通常是："要是我什么也不用做，这个问题就自动解决了，那该多好！因此，我得绕道而行，我要迟到，这样我就不会面对这个问题了。我一定得让火车先走。"

很多人梦见考试。有时，他们很吃惊，自己年龄那么大了还在考试，或不得不通过一个他们早就已经通过的科目考试。对有些人来说，这个梦的意义是："你还没准备好去面对你眼前的问题。"但对另外一些人来说，它的意义是："你以前已经通过了这个考试，你将能通过这个摆在你眼前的考验。"一个人梦里的象征，永远也不会和另外一个人完全相同。所以，我们主要应该关注的是梦带来的心境，以及它和整个生活方式的一致性。

案例研究

一次，一位 32 岁的神经症患者来找我治疗。她在家排行第二，和很多家中的老二一样，她有着很高的志向。她总是想当第一，用无可挑剔的方式解决所有的问题。她来治疗，是因为精神崩溃。她和一位已婚男子有着恋情，他比她大，事业还不成功，她一直希望能和他结婚，但是他无法离婚。她梦见她在乡村的时候，一个租住她公寓的男子搬进去不久就结了婚，但是他没有收入。他不诚实，工作也不勤奋，因为他付不起房租，她不得不将他赶走。

我们一眼就可以看出，这个梦与她面对的问题有一些联系。她正在考虑是否应该嫁给一个生意失败的男人。她的情人很穷，无力支持她的生活，他请她出去吃饭，却没有足够的钱付账，而这件事，更和她的梦的性质相同。梦的效果是为了激起她的感觉，来反对这段感情。她是一位雄心勃勃的女性，不希望与一个穷人联系到一起，她在梦里用一个隐喻来问自己："如果他租了我的房子，又付不起房租，我该拿这样的房客怎么办？"答案是："他必须离开。"

但是，这位已婚男子并不是她的房客，梦境和现实之间并不是完全相同。然而，为了化解自己的问题，更坚定地遵循自己的生活方式，她的梦给她的感觉就是"我不能嫁给他"。就这样，她避免了以常识的方式去处理整个问题，而且，只选择了问题中的一部分去解决。她的梦将整个婚恋问题最小化，浓缩到租房这一件事上：一个人租我的公寓，如果他付不起房租，就必须被赶出去。

由于个体心理学的治疗目的，在于增加个人应对问题的勇气，因此，梦境在治疗过程中是会发生变化的。一个抑郁症患者在治愈之前的最后一个梦是："我独自一人坐在长椅上，忽然有一场暴风雪来临，幸运的是我逃脱了，因为我跑进室内去找我丈夫了。然后，我帮他在报纸的广告栏里找到了一份适合他的工作。”这位患者，能够对这个梦为自己做出解释，它清楚地表明了她决定与丈夫和解的感觉。起初，她讨厌他，并且痛恨他无能，工作不够好，而这个梦的意义在于，让她相信“和丈夫待在一起，总比单独面对危险更好”。孤独的危险在梦中被过分强调了，她认为自己还没有准备好独立去面对生活，所以她回到了丈夫身边。但我们需要注意到，她是在通过强化她的生活方式，解决她的问题，而不是跟随常识的指引，去成为一个强大之人，以此来解决问题。

一个 10 岁的男孩被带到诊所，因为他的老师说，他是个顽劣的孩子，品行不好，总是欺负其他同学。他在学校偷东西，却把它们放在其他男孩的桌子上，让他们背黑锅。通常，一个孩子只有觉得需要通过栽赃他人，来证明卑鄙可耻的人不是自己时，这种行为才会发生。如果这是他的生活方式，我们可以猜测，他一定是从家中学会的，他家里一定有一个他想要怪罪的人。

当他 10 岁的时候，他向街上的一位孕妇投掷石块，并因此惹上了麻烦。10 岁大的孩子，应该知道怀孕意味着什么，由此我们可以推测，他不喜欢怀孕这种现象，所以他或许有一个弟弟或妹妹，并为他们的到来感到不快。在老师的报告中，他被称为“街区害虫”，他总是欺负同龄的孩子，给他们起外号，说他们的坏话，并且吓唬和攻击小女孩。我们由此可以推测，他有一个妹妹，被他视为竞争对手。

后来我们得知，他是两个孩子中的老大，还有一个4岁的小妹妹。但他母亲说他很爱妹妹，对妹妹很好。这让我们难以置信——这样的男孩是不可能喜欢妹妹的。后面我们将会看见，我们的怀疑是对的。他母亲又说，她和她丈夫之间的关系无懈可击，这意味着，男孩不能去怪罪他父母失职，他的顽劣很可能是天性造成的，或是来自遗传。

我们经常听到这样的叹息：婚姻如此美满，父母如此优秀，孩子却如此不争气。老师、心理学家、律师以及法官都目睹过这种令人费解的不幸。理想的婚姻关系，对这样的孩子来说，也许更像是一种成长的障碍，当看见母亲全心全意地对待父亲时，也许孩子会觉得失落，因为他想垄断母亲的注意力，所以讨厌母亲向任何人流露感情。

但与幸福的婚姻相比，不幸的婚姻对孩子的成长影响更糟，那么我们该怎么教育孩子？我们首先要教会孩子合作：我们需要将他们真正地带入婚姻关系中，避免他们只依恋父亲或母亲一方。如果孩子被娇生惯养，他想保持母亲对他的注意力时，就会用惹是生非重新获取关注。

在这个案例里，我们再次看到了严父慈母产生的效应。母亲从来不惩罚孩子，她总是等着父亲回家来惩罚他。无论她是出于什么心理，她都没有培养出孩子对父亲的兴趣及与父亲的合作能力，如此一来，二者之间必然发生摩擦。我们了解到，这个父亲很爱妻子和家人，但因为这个男孩太顽劣，以至于他在下班后不愿回家。他对他的惩罚很严厉，也经常打他。我们也得知，这个男孩从来没有显露出对父亲的不喜欢。当然，这也是不可能的，这个男孩只是学会巧妙地隐藏自己的情绪。

他说自己喜欢妹妹，但却从不好好地和她玩，经常打她或踢她。此外，他睡在餐厅里的沙发床上，而他妹妹睡在父母房间的儿童床上。到这里，如果我们身处他的这种境地，感受他的感受，我们或许也会觉得，妹妹的那张小床着实让人心里不舒服。当我们试着用这个男孩的意识，从他的心理出发去思考，去感受，去看，我们就能得知，他是想占据母亲的注意力。在晚上，他妹妹离母亲如此近，而那是他无法享有的，所以他必须要争取，让母亲离他更近。这个男孩在 3 岁之前，因为肠胃不是很好，一直受呕吐的困扰，他的胃很有可能不太好。后来，他吃饭正常了，但是他依然认为肚子是身上最薄弱之处。尽管他的母亲对他的饮食很照顾，他仍四处对邻居说，他父母总不让他吃饱，他已经将这个伎俩打磨得炉火纯青。他追求优越的方法，就是置他人于不利之地，无论是通过诽谤还是栽赃陷害，他都百用不厌。

现在，我们可以理解他到诊所后所讲述的梦："我梦见我是个西部牛仔，他们把我送到了墨西哥，我不得不拼出一条路回美国。一个墨西哥人来和我对着干，我朝他肚子上踢了一脚。"这个梦激发的感觉就是："我被敌人包围着。我必须要打斗。"在美国，牛仔被视为英雄，他认为，追撵小女孩，踢别人的肚子，都是英雄的行为。我们同时也看见，胃在他的生活里带给他的认知——他认为胃部是最薄弱的地方。所以他认为，瞄准他人胃部这一最软弱的地方，是个一招制胜的妙招。他的梦和行为，反映的就是他的生活方式，他本身就是生活在梦里，如果我们不能让他醒过来，他将会继续这样生活。他不但会和他父亲、妹妹、小孩子（尤其是女孩子）处处作对，他还会和更多人作对。他在梦里所带来的感受，将会刺激他继续如此，让他想去征服他人。如果，他看不见自己其实是在自欺欺人，任何治疗都帮不了他。

在诊所，我向他解释了他的梦所代表的意义。他第二次来到诊所时，我问他："自上次见面以后，你有什么变化吗？"

"我以前是个坏男孩。"他回答说。

"你做了什么？"

"我追着一个小女孩跑，吓唬她。"

但他这么说，可不是因为悔悟，而是吹嘘和挑衅。这是诊所，人人都试着改变他，所以他才说自己是个坏男孩。但他其实是在表示："别指望改变我，不然我会踢你的肚子。"我们该怎么做呢？既然他还在做梦，还在扮英雄，我们就必须要消除他从这个角色里得到的满足感。

我们问他："你真的认为，真正的英雄会为了吓唬一个小女孩，去追着她跑吗？这种英雄不是太可笑了吗？如果你想要成为英雄，你应该去吓唬、去追一个强壮的大女孩。"这只是治疗的一个方面，我们这样做，是为了敲打一下他，让他睁开眼睛看明白状况——他其实是个带着恶霸面具的胆小鬼，以便让他不再那么热切地继续原有的生活方式。有句德国谚语说得好:“朝他的汤里吐口水。”这样一来，他将不再会喜欢这种汤了。而治疗的另外一目的，是为了激发他的勇气，鼓励他与人为善，与人合作，在有价值的生活里寻求真正的意义。如果，不是因为害怕自己无法在正常的社会生活中取得成功，是没人愿意去做损人不利己的反社会行为的。

有一个独居的24岁女孩，做着文秘工作，向我抱怨说她的上司颐指气使的行事作风，让她不堪忍受。她觉得自己交不到朋友，也维持不了友情。经验告诉我们，如果一个人的朋友都不长久，是因为这个人总想占上风，指挥他人，他们只在乎自己的感受，只为了显示个人优越性。也许，这个女孩的上司也是这种人，所以他们两个人都想支配他人，注定会水火不容。这个女孩是家里7个孩子中最小的一个，也是家里的宠儿，她的小名是“汤姆”，因为她希望自己是个男孩子。这些信息让我们觉得，她将发号施令当成了优越感目标，她认为有男子气概就能当老大，就能控制别人，而不被别人控制。

她很漂亮，但她认为人们喜欢她是因为她长得好看，因此她害怕变丑或被伤害。在我们这个社会中，漂亮女孩子会发现，因为自己的容貌，她们更容易留给人深刻印象，也更容易操控他人。这个女孩当然懂得这个道理，然而，她更希望自己像男人那样去主宰一切，所以，她对自己的美貌并没有特别的兴趣。

她曾被一个男人吓到过，这也是她最早的记忆，她承认她现在依然害怕自己受到窃贼和疯子的袭击。一个希望自己是个男人的女孩，居然如此害怕窃贼和疯子，这似乎很奇怪，但其实不然。她的软弱无助，促生了她的目标，她希望自己身处的环境是自己可以掌控的，所以，她排斥她不能占主导地位的环境。而窃贼和疯子无法被她控制，所以，她希望能消除他们。她对身为女人感到极度不满，我将这一心理称为“男性钦羡”，它会导致一种压力——“我是个在为女性劣势而抗争的人”。

在她的梦里，能否找到这种感受？她经常梦见自己独自一人。鉴于她一直是个被宠爱的孩子，她的梦的意义就是“我需要被照料，没人在我身边，是件不安全的事。我会被伤害，被挟持。”她经常做的另外一个梦，是她丢了钱包。这是她在告诉自己：“小心，你面临着失去的危险。”她不愿失去任何东西，尤其是失去控制他人的权力。她的梦，将她的担心简化为一件东西，她用丢失钱包来代表所有失去。这种梦也和我们前面所说的一样，表明了梦是如何通过激起某种感觉，来强化个体的生活方式的。她并没有丢钱包，但她梦见她的钱包丢了，而醒来后，只有这种感觉留在了她的意识里。

她还做过一个更长的梦，我们从中可以更清楚地看到她的态度：“我去游泳，那里很多人，有人注意到，我站在别人的头上。我听见有人发现了这件事，于是开始大声尖叫，我摇摇晃晃，马上就要摔下来似的。”如果我是个雕塑家，我会这样表现这幅画面：她站在大家头上，将他们当成她的垫脚石。这就是她的生活方式，她想要唤起的，也正是这样的感觉。然而她同时觉得，自己的地位岌岌可危，认为别人也该发现她的危险处境，应该提示她，这样她才能继续站在他人头上。游泳对她来说是不安全的，因为在水里她不具备优势，她希望自己优越于他人，但又不想提高自身能力。如果我们想要帮她，需要让她先接受自己，接受自己是女人这一事实，然后再消除她对身为女人的恐惧，消除对男性力量的高估和仰慕，使她更平易近人，能够和周围人平等相处。

一个女孩在她 13 岁时，弟弟因意外事故不幸死亡，这成了她的初始记忆："我弟弟还小，正在学走路，他抓住椅子，想要站起来，结果椅子倒了，砸在了他身上。"这表明，她对世界的认识是危险四伏。"我经常做的一个梦非常奇怪。我梦见自己像往常一样走在街上，路上有个洞，但我没看见，所以，我掉进了洞里。里面都是水，一摸到水，我就跳了起来，一下醒了，心脏也跳得很快。"我不觉得这个梦很奇怪，但因为她总是提心吊胆，自然会觉得这个梦神秘不可思议。这个梦似乎是在对她说："小心，周围有很多未知的危险。"不过在我们看来，这个梦同时也是在说：你摔不起。此外，既然她认为自己有摔倒的危险，那么她很可能认为自己高人一等，这就和上面的那个例子一样："我很优越，高高在上，但是我要小心别掉下来。"

在下面这个例子里，我们要注意的是，同样的生活方式，是否也会对初始记忆和梦境造成同样的影响。一个女孩对我们说："我记得我喜欢看大家盖房子。"我们可以推测，她有合作精神。虽然没人会让一个小女孩真的参与盖房子，但我们可以从她展示的兴趣中看出，她是乐于和他人分担任务的。“我那时还小，站在一个高高的窗户边，玻璃窗的样子我到现在还记得很清楚，就好像发生在昨天似的。”如果她注意到窗户很高，她应该能意识到高和矮之间的差异，她真实的意思是“窗户很大，我很小。”因为个头矮小，所以她才会格外注意尺寸的对比。

现在，让我们看看她的梦：“我和几个人一起坐在车里。”这说明她很谦让合作，愿意容忍他人，和我们想的一样。“我们一直开，然后在小树林前停了下来。每个人都下车了，跑进了树林里。他们大部分人都比我高大。”她又再次注意到高矮差别。“但是我也赶上了他们，一起进了电梯，电梯下到矿井里，大约10英尺深。我们以为，如果我们出电梯，外面的空气会让我们中毒。”她这是在描绘某种危险；大部分人都很害怕某种危险，人类并不会时刻勇敢。“不过，我们安全走出了电梯。”这说明她对事情持乐观态度。乐于合作的人，总是充满勇气和乐观精神。“我们待了大约一分钟，然后上去了，迅速跑到车跟前。”我确信，这个女孩总是和人合作，但她也希望自己能够更高大强壮些。我们在此处能看见某种焦虑，就好像她在踮着脚尖站着，但是她乐于和他人在一起，有团队精神，这些会抵消这种焦虑有可能导致的心理危机。

家庭影响

What Life Could Mean to You

第六章

母亲的角色

从出生的那一刻，婴儿就开始寻找和母亲的情感纽带。他的一切活动，都为了这一目标展开。最初的几个月中，母亲是他全部的世界，他时刻依赖着母亲。此时，婴儿首次萌发出了合作的能力。他在母亲的引导下，有了和他人接触的初体验，也对自己之外的人类产生了兴趣。母亲是婴儿感知世界的第一个通道；婴儿如果感受不到自己母亲的爱，或母亲的替代者的爱，注定难以正常成长。

母婴之间的纽带十分紧密，且意义深远。基于此，我们不能将孩子长大后的任何特质完全归于遗传，因为所有看似来自遗传的特质，都有可能是经过母亲改造、训练、教育和重塑后的产物。母亲在这过程中的技能水平，直接影响孩子潜质的发挥。这里所说的技能，指的是母亲和孩子合作的能力，以及引导孩子与她合作的能力。这种技能并无规则可循，随着婴儿一天天成长，每天都会出现新情况。假如母亲愿意观察并了解自己的孩子，对孩子充满热情，维护孩子的利益，并希望得到孩子的喜爱，她也就自然而然掌握了这项技能。

母亲的态度，全部体现在了她的行动中。她对婴儿的每一次拥抱，每一次抚摸，每一次讲话，每一次为他洗澡或喂他吃饭，都是建立亲子关系的契机。一个缺乏经验或态度不佳的妈妈，难免动作笨拙、粗暴，引发婴儿的排斥。如果一位妈妈不能好好给婴儿洗个澡，洗澡这件事对婴儿而言，就不是个愉快的体验。这样一来，婴儿不仅不想和母亲建立关系，也不会愿意和她合作，甚至会试图摆脱她。母亲的动作，她的声音，她将婴儿放在床上的方式，都必须具有一定的技巧。无论她是在婴儿身边照顾，还是暂时离开，她都必须周全妥帖。她要观察婴儿所处的整个环境——空气质量、房间温度、饮食营养、睡眠时长、生理习惯和卫生清洁，并判断它们是否对婴儿有益。她的每一次照顾，都是在为孩子提供一个喜欢或讨厌她、合作或拒绝合作的机会。

母亲的技能是没有秘诀可言的，所有技能都是长期培养的结果。当女性们年纪尚小时，就已经开始为成为母亲做着准备，虽然她们自己都没意识到这一点。准备工作的第一步，体现在当她还是小女孩时，对幼儿及婴儿的态度，以及她对未来会成为母亲这件事有没有使命感。教育男孩和女孩的时候，我们非常不建议“同一而论”，让他们以为自己未来会担任同样的角色。如果我们希望一个女性知道如何做个好母亲，应该在她还是个小女孩的时候，就告诉她为母之道，培养她对母亲这个角色的认知，将其视为具有创造力的身份，不会在成年后对这重身份感到厌烦，甚至排斥。

然而遗憾的是，我们的文化中，经常轻视女性作为母亲的价值。当女性身处于一个重男轻女的文化氛围中，当男性总是带有优越感，女性自然不会对自己将会成为母亲的事欣然接受。没人喜欢自己处于卑微的一端。曾被轻视的女性一旦面临结婚生子，她们会用自己的方式进行抵抗，比如不愿意要孩子，不认为养育孩子是件充满创造力与趣味性的事。

这或将成为我们社会面临的最大难题。女性地位低下，她们不想生育，但人们却不愿为改变这样的局面而努力。女性对于母亲这一角色的认同，与人类社会的发展密切相关，但女性却在各个方面都被低估了价值，被认为是次要的。哪怕是在儿童时期，我们都会发现，男孩将做家务视为低贱的工作，他们认为自己动手帮做家务，会有损男性的尊严。家务与照料家庭被视为理应指派给女性的差役，而不是可供选择的事业。

如果一位女性真正做到了把持家当成一门热爱的艺术，她完全可以通过这门艺术赋予家人生活明亮与丰沛，她会认为家务的意义并不比任何的其他工作差。另一方面，如果人们认为操持家务会降低男人的身份，那么女人们自然也会抵制她们的任务，并力证男女应该平等，男女在报酬和发展空间上应该平权，尽管这些本就该是理所应当的事。只有具备了社会感，个人能力才能得到发展，只有女性的发展不再受到外来的制约，她们才能在社会感的带领下朝向正确的方向。

当女性在家庭中的意义被低估，婚姻的和谐就会被破坏。如果一个女人觉得照看孩子是一份卑微低下的工作，那么她就无法全身心投入其中，发展出自己为人母的技能、爱心、感知力及同理心，而这些恰恰是一个孩子在生命最初阶段里最需要的，能为孩子在初来人世后提供良好的成长环境。如果一个女人不满意自己的女性角色，她必然会出现另一个目标，以便获取优越感。这目标会阻碍她和孩子建立恰当的关系。而这个目标通常是：不能像其他女性一样生儿育女。她把证明自己的优越感做为了重点，对于这个目标而言，孩子便成了消耗精力的累赘。如果我们追溯一个孩子为何会出现问题，总会发现，是因为母亲没有尽好自己的职责——她没有给孩子一个良好的人生起点。一位母亲如果是失职的，她对于为人母的职责会心怀抱怨，更不会产生兴趣，其后果会威胁到整个人类的幸福。

但是，我们不能因为母亲的失职就对她轻易怪罪。有可能是这位母亲没有受过与人合作的教育；也许她的婚姻很不幸，让她感到压抑窒息；也许她的处境堪忧，让她陷入绝望和无助。干扰家庭幸福的因素真的太多了。假如一位母亲患病，即使她心中想和孩子互动合作，也会因为疾病而难以如愿。如果一位母亲需要上班，她回家后有可能已经筋疲力尽。如果是家境拮据，孩子也有可能衣食不足，甚至挨饿受冻。事实上，塑造孩子行为的，不是他的经历，而是他从经历中总结出来的意义。当我们调查问题儿童时，会发现他们和母亲之间确实存在问题，可这问题同样也会出现在其他孩子身上，那些孩子看待问题的视角，却要优于问题儿童。现在，我们再次回到个体心理学的基本观点：经历并非是性格的成因，然而，孩子却会利用经历来解释自己为何追求目标，为何会对生命有着这样的观点。举例来说，我们不能断言一个吃不饱饭的孩子会成为罪犯，我们需要做的，是看他从这个经历中得出了什么结论。

如果一位女性对自己的女性身份不满，她很难做到无私奉献，她和她的孩子会因此经历困境。母性本能拥有着强大的驱动力，调查表明，母亲保护孩子的倾向比任何天性都要强烈。动物中老鼠和猿猴的母性本能，比性或饥饿的本能还要强，如果它们同时受到几种本能的驱使，母性本能总能占据上风。

做一名称职的母亲，并为之奉献和牺牲，其动机和性无关，而主要来自于合作的意愿。母亲会觉得孩子是自己的一部分，因为孩子，她与生活整体地连接起来，人生得以完整，她甚至觉得自己仿佛有了掌握生死的力量。每位母亲身上，我们都会或多或少地发现这种感觉——通过她的孩子，她完成了一次创造。她觉得自己的创造不亚于上帝造人——从无到有地创造出了一个生命。母亲的奉献和努力，是人类追求优越感的表现，表达出了人类渴望与神相似的目标。这种奉献和努力，为我们提供了一个最清晰的例证——追求优越感，是为了服务于他人和整个社会的利益，这符合人类最深刻的社会感。

当然，有时母亲也会夸大“孩子是自己的一部分”的感觉，过分强调自己的母性，强迫孩子为她自己的优越目标而服务。她会希望孩子完全依附自己，生活也被她所控，似乎永远也离不开她。有位 70 岁农妇的例子可以说明这一点。这位农妇的儿子 50 岁了，依然和母亲生活在一起，一次两人都感染了肺炎，农妇活了下来，儿子却在医院不治身亡。母亲得知儿子的死讯，她感慨道：“我早就知道，我没办法把他好好养大。”在她看来，儿子的一生都该被她照顾，她从不让他平等独立地参与到社会生活中。如果一位母亲只能把孩子禁锢在母子关系的小圈子里，不允许他拓展自己的接触面，不让他平等地参与并融入环境，就会酿成悲剧。

母亲难免身兼数职，需要处理各式各样的关系，想要面面俱到是很困难的。但如果总是过分强调母亲和孩子的关系，对母子关系并无益处。过分关注某一关系，势必会忽视或影响其他关系，而且对于这种关系本身而言，过分关注也会让其难以良性发展。女性与自己的孩子、与丈夫、与整个社会都息息相关，这三种关系都应被理智对待。母亲倘若将全部注意力只放在亲子关系上，孩子就有被宠坏的可能，这对培养孩子的独立性和与人合作的能力，会起到阻碍作用。**当一位母亲成功与孩子建立起了关系后，接下来该做的，就是引导孩子与父亲亲近，而想要完成这一任务，母亲首先要和父亲关系亲密，因为孩子会受到母亲态度的影响。**母亲还必须帮孩子向外拓展兴趣，让孩子与身边的社会、生活、兄弟姐妹、亲友和其他人建立关系。**母亲肩负两大重任，首先，她需要在与孩子的互动中，让孩子开始信任人类；然后，她需要将孩子的这份信任向外延伸，一直到整个外部世界。**

如果母亲总在言行上诱导孩子，让孩子将母亲当成全世界，那么孩子长大后会不愿意和他人交往。他们会将母亲作为精神寄托，会将所有吸引母亲关注的人视为敌人。即使母亲是对自己的丈夫或家中其他子女示好，也会让孩子觉得，原本属于自己的母爱被人夺走，他会认为：“妈妈只能属于我一个人。”

现代心理学对此大多存在误解，比如弗洛伊德理论中的恋母情结，认为孩子天然就有爱上自己母亲的倾向，会想和母亲结婚，并因此憎恨父亲，甚至想杀死父亲。但如果我们懂得正确地教育孩子，孩子就不会衍生出这样错误的想法。只有想要占据母亲全部注意力的孩子，才会出现恋母情结，这类孩子会非常排斥其他吸引母亲关注的人。这种渴望并不是来自于性驱动，而是因为想要完全控制母亲，并让母亲完全服务于自己。只有在被母亲极度溺爱的孩子身上，才会发生这种情况，他们的归属感只局限于家庭。在一些特殊情况下，一个仅和母亲有亲密关系的男孩，会把母亲视为爱情和婚姻的最佳对象，之所以出现这种心态，是因为他不认为自己和母亲之外的人可以合作，认为其他女性不可能像母亲一样为自己服务。可以说，恋母情结是人为造成的教育失败。我们不需要将这归结于遗传的乱伦本能，或认为其根源和性有关。

如果孩子总是与母亲形影不离，一旦母亲不在身边，孩子就会遇到麻烦。比如，当和同伴在公园玩耍或者在学校时，他仍然希望和母亲在一起。他憎恨和母亲的分离，哪怕只是片刻，他希望将母亲拴在身边，完全占据她，让她时刻关注他。为了实现这一目标，他会尝试各种方法，比如变得非常黏人，很娇气，总是需要被人哄，希望做妈妈的宝贝；一遇到挫折，他就会用哭泣或者生病，来表示自己需要疼爱；而另一方面，他还可能会通过脾气暴躁、不听管教或顶撞母亲，来吸引母亲的注意力。我们在问题儿童中，发现了各种被宠坏的孩子，他们总是想方设法让母亲管住自己，从不顾及时间与场合，或所处环境对于他们的要求。

认为母亲失职，才会有问题孩子，因此最好的补救方法就是将孩子从母亲身边带走，交给保育员或收容所来培养，这种想法是十分荒唐的。如果我们想要找到母亲的替身，我们需要确保这个人能像母亲一般让孩子对她感兴趣，但没有人会比孩子的亲生母亲更关心孩子。因此，对亲生母亲进行亲子教育的培训也许更容易、更有效果。在孤儿院长大的孩子通常缺乏对他人的兴趣，因为在他们长大的过程中，母亲形象的缺失意味着没有人起到桥梁作用，去引导他们产生和外界建立关系的意识。

针对福利院里的问题儿童，专业人士曾做过一项研究。给孩子指派一个专门的陪护人员，或者将孩子寄养在一个家庭，找一个能将他视如己出的养母。如果养母可以给孩子正确的引导，孩子的情况会大为改善。可以说，对于孤儿最好的养育方法，就是找到合适的寄养家庭，让孩子体会父母双全的家庭生活。同理，如果要让孩子离开亲生父母，就必须找到可以胜任父母职责的人。孤儿、非婚生子女、被遗弃的孩子以及家庭破裂的孩子，在长大后常常容易成为失败者，这也证明了，母亲的爱和投入是孩子健康成长的必备条件。

继母不好当，不仅不被人们看好，孩子们也总会与她作对。但这并非是不能解决的问题，我见过很多的成功例子，关键在于继母能否了解自己身处的情况。当母亲离开后，孩子往往会转向父亲寻求依赖，而父亲也会因此更加宠爱孩子。这时，继母来了，孩子感觉父亲的关注被她剥夺了，所以开始排斥她。继母如果意识不到孩子的这种心理，就会认为自己受到了攻击，会想要给孩子们些教训，如此一来，孩子就有了真正的不满。她越是挑战他们，他们越和她针锋相对。继母一旦决定和孩子开战，注定以失败告终：她既制服不了他们，也赢不到他们的心，反倒是弱小的孩子会占上风。胁迫或武力永远换不来爱和合作，如果人们明白这一点，就能少做无谓之争，将很多心理负担放下。

父亲的角色

父亲在家庭生活中所扮演的角色，和母亲一样重要。起初，他与孩子的关系或许不够亲密，但在后期，他会发生强大的影响力。前面也说过，如果母亲没有引导孩子亲近父亲，会不利于孩子的成长，孩子的社会感将会受到阻碍。同样，不幸的婚姻也会对孩子产生负面影响。

有的母亲会认为，丈夫无法和自己分担抚养孩子的责任，从而希望包办孩子的一切，让孩子完全属于自己一个人。也有的父母，会将孩子卷入拉锯战中，每个人都希望孩子和自己更亲近，更胜另一半。

孩子很擅长利用父母间的分歧，他们一旦发现存在分歧，便会主动制造矛盾。这时父母难免陷入一种较量，比赛谁更能管好孩子，或更加宠爱他。这种家庭氛围下，孩子是很难学会合作的，因为孩子们第一次目睹他人之间的合作，就是父母之间的合作。如果父母自身无法实现合作，也就不要指望孩子懂得合作。夫妻间的关系，还会影响孩子的婚恋观，在不和谐婚姻中长大的孩子，如果对婚姻的第一印象未能改观，则会认为婚姻和爱情都是悲剧，丧失对婚姻的信心。成年后，他们要么会回避异性，要么会在感情上极度不自信。父母的婚姻是社会合作的一部分，是社会的产物和基础，是孩子心理得到全面发展的基础。**婚姻的意义在于，它是伴侣间为了彼此的幸福、孩子的幸福以及社会的和谐而达成的合作关系。如果违背了这三个原则中的任何一个，这种婚姻都是无法满足生活的要求的。**

正因为婚姻是种伙伴关系，所以不该有任何一方高高在上。对这一点，我们应该进行深入的探讨。在一个家庭中，要避免使用权威；如果特别突出或孤立某个成员，必然产生不良影响。假设是父亲脾气暴躁，试图高压管制家里的所有人，男孩将会效仿错误的男性形象，女孩则更深受其害，未来，她们会认为男人就该是暴君，婚姻就该是奴役和征服，她们甚至会故意发展同性恋情，来避免自己受到异性的压制。

如果在家里占支配地位的，是唠叨并且过于挑剔的母亲，则会产生另外一种结果，家中的女孩很可能会效仿母亲的严厉刻薄，男孩则长期处于防御状态，害怕被批评，并时刻提防那些总是批评他的人。在这样的家庭中，颐指气使的或许不仅是母亲，还有姐妹和其他女性亲属，她们有可能联手压制男孩，而男孩会因此变得越发内向，害怕参与社会活动。因为，他害怕所有的女性都如此苛刻，所以干脆摆脱女性。没人喜欢被批评，但如果一个人将逃避批评当成生活的主要目标，那么他所有的关系都会受到干扰。他判断事物的标准，会依照自己的认知，会揣测："我是征服者，还是被征服者？"当他将人际关系视为征服和被征服的关系，自然无法发展出真挚的情谊。

称职的父亲，其标准用几句话就能概括：

他需要向妻子、孩子以及社会证明，他是一个良好的合作对象；

他会以正确的方式完成职业、人际及家庭这三大任务；

他会与妻子平等地合作，照顾和保护家庭；

他会牢记，女性在家庭中的作用无人能及；

他会尊重妻子身为母亲的角色，并与她携手一起抚养孩子；

在金钱方面，养家糊口是他的主要职责，但他永远不会以功臣自居，不会认为自己是付出者，而别人是受惠者。

丈夫通常担任家庭的经济支柱，但这只是家庭分工的结果。然而在生活中，很多父亲利用他们的经济地位，将自己视为一家之主，宣扬父权至上。**任何一个家庭，都不该存在凌驾于人的统治者，任何不平等的时刻都该被避免。**每个男人都应该认识到，我们的社会文化已经过分强调了男人的特权，以至于他的妻子在成婚时，难免担心自己处于被主宰的卑微境地。男人应该知道，他的妻子并不因为是个女人，挣钱没他多，就比他低一等。家庭生活是真正的合作关系，无论妻子是否有经济收入支持家庭，谁挣钱，都不应该演变成矛盾。

很多孩子一生将父亲视为楷模，也有的视为死敌，可见父亲对孩子的影响多么重要。这里我们有必要说一下惩罚，如果一种教育方式不能以善意的方式进行，那么这必然是错误的教育，其中惩罚尤其是体罚，对孩子造成的伤害十分巨大。不幸的是，父亲却往往扮演着惩罚孩子的角色。之所以说不幸，有几方面的原因。首先，把惩罚孩子的任务推给父亲，说明母亲有这样的想法：女性是弱者，没能力管教孩子，必须借助别人的强大来帮助自己。如果一位母亲对孩子说“等你父亲回来再说”，她等于给孩子灌输了这种概念——男人是终极权威，男权理应至上。其次，让父亲惩罚孩子，会影响孩子和父亲之间的关系，孩子会惧怕父亲，排除将父亲当成朋友的可能。有些母亲或许担心由自己惩罚孩子，会失去孩子对自己的依恋，但不该因此将惩罚的任务推脱给丈夫。事实上，孩子不会因为母亲在惩罚时假手于人，就不记恨母亲。况且，一个孩子如果总是被母亲用“告诉你爸爸”进行威胁，强迫自己听话，不难推测出，孩子会对男性在生活中的角色形成错误的认知。

如果父亲能正面地处理职业、人际及家庭这三大任务，他势必成为家庭中重要的成员，成为一位好丈夫、好父亲。他势必待人亲切，到哪都能交到朋友，而他的广交朋友，也是在扩充家庭的社会性。他不会脱离社会，或被传统观念束缚，反而会打开家庭的大门，迎接外面的世界，亲身向孩子们展示社会归属感和合作精神。

然而，如果丈夫和妻子的社交圈完全不同，这便成了件危险的事。他们应该能共同出入同一社交圈，熟知双方的朋友，并共同与这些朋友相聚。当然，我不是说他们应该寸步不离地黏在一起，从不独自行动；我是指他们的关系和谐自然，相处真诚无障碍。一位丈夫假设不想将妻子介绍进自己的朋友圈，这就是不和谐。这种情况下，他的社会生活中心是在家庭外面。孩子需要的，是先体会到家庭是社会的一个单位，然后明白家庭之外也有值得信赖的人，这种认识顺序，对他们的成长来说尤为重要。

如果男性在没结婚前，能与自己的父母、兄弟姐妹和睦相处，这就是个很好的现象，表明他具有良好的合作能力。即使他离开原生家庭，独立生活或有了自己的小家庭，都不意味着他要因此厌恶之前的家人，或与他们断绝关系。然而有的时候，两个年轻人结婚后，却还依靠彼此的父母，他们会夸大和自己父母的关系。当他们谈到“家”，他们说的是自己父母的家。如果他们怀抱这种想法，认为父母仍然是家庭的中心，他们将无法建立自己的家庭生活。这种情况考验着每个人的合作能力。

有时候，男方的父母会对儿子的新家庭心生妒意，想知道自己儿子生活里的一切，这会干扰新家庭的和谐。妻子会认为，她没有得到足够的重视，会对公公婆婆的干涉感到生气。当一个男人违背了父母的心愿而结婚时，这种情况特别容易发生。他的父母也许是对的，也许是错的，在他们的儿子结婚前，他们可以反对他的选择，但在结婚后，他们只有一个选择——尽其所能确保儿子的婚姻成功。如果和父母的分歧无法避免的话，丈夫应该接纳这种分歧，不要过分担心。他应该将父母的反对，视为是对方的错误，尽最大能力去证明自己的选择是对的。无论丈夫还是妻子，都不需要迁就父母的意愿，当然，如果父母能让妻子感到他们愿意让步合作，而不是只想着他们自己，维护新家庭的和谐会更容易些。

每个人对父亲最期待的职能，就是有份稳定工作。他应该接受过职业培训，能够经济独立，养家糊口。在这一点上，妻子和长大成人的孩子，也许会减轻他的负担。但在我们现今的文化条件下，经济责任主要落在男人身上，解决这一问题的方法，就是他必须工作，敢闯敢干，善于在工作中与他人合作，并能赢得职场的尊重。

当然，父亲勤勉工作的意义不止于此。他自己的工作态度，也会给孩子树立起一个榜样，为他们将来走向工作岗位打下心理基础。也正因此，他会看到成功职业所必需的一个条件——是对整个人类有价值的工作。然而，价值并不是在自己的概念里，而是它本来就确实是有价值的。如果一位父亲是个利己主义者，这确实是种遗憾，但如果他的工作不仅能为他自己带来好处，同时也在推动社会的进步，那么他就是个有用的人。

现在，我们可以来谈谈终身大事——结婚，并打造幸福健康的家庭生活。一位称职的丈夫，首先应该对自己的伴侣感兴趣，而这一点很容易看出来。如果他对他的另一半感兴趣，他会将自己的兴趣放在对方关注的事情上，关心她所关心的，并将她的幸福视为自己的目标。这里所说的感兴趣，并不仅仅是他对伴侣有爱意，我们总是把爱意误当作了万能的灵药。而是说，他应该是妻子的同行伙伴，努力让她生活得舒适，乐于让她快乐。只有夫妻双方谋求的是共同的幸福，而不是只考虑自己的快乐，才会实现婚姻中的真正合作。每个人都必须心底无私，从对方的利益为出发，这才叫真正的对伴侣感兴趣。

不过，丈夫不应该当着孩子的面过分流露出对妻子的爱意。确实，夫妻之间的恩爱和他们对子女的爱并不相同，两者并不会相互干扰或者削弱。但有时，如果夫妻对彼此的感情表现得过于明显，卿卿我我，孩子会觉得，自己在父母心目中的地位没那么重要。他们会变得嫉妒，并想要蓄意制造矛盾。

婚姻是两性的结合，但绝对不应该草率对待性关系。因此，在向孩子解释性问题时，父亲与男孩沟通，母亲则与女孩交流，但父母应该注意，不要主动去灌输这方面的知识，涉及太多，只要告诉孩子想知道的且能够理解的知识，就足够了。

我认为，在我们这个时代，孩子受到的性教育过于细化全面了，这超过了他们的理解能力，反而会造成误导，在他们身心都还没有准备好的时候，唤起他们对于性的兴趣和感受。孩子知道的性知识如果过于超前，他们会面临身体成熟但心智未熟的局面，会认为性问题是小事。以前，人们常向孩子撒谎，或向孩子隐瞒有关性的事情，现在的新做法看起来思想先进，但效果未必比过去好。最好的方式，就是了解孩子自己希望知道什么，而不要从我们的知识标准出发，强迫他去知道我们认为每个人都应该知道的东西。我们应该赢得他的信任，让他觉得，我们是在和他平等合作，并且有兴趣帮他为他的问题找到答案，如果我们能做到这一点，我们在教育上的很多错误都能避免。

在家庭中，金钱的重要性不应该被过分强调，家人更不应该为钱而吵架。没有收入的女性，要比丈夫们以为的还要敏感，如果指责她们奢侈浪费，她们会倍受伤害。家庭开支应该在家庭财务能力范围内，以合作的方式解决。妻子或孩子也不应该利用自己的影响力，而让父亲超支负担，双方应该从一开始就达成家庭开支协议，这样就不会有人感到自己是依赖者，或受到了不公平的待遇。

父亲不应该认为，光凭借金钱就可以保证孩子的未来。我曾读过一个美国人写的书，其中描述了一个出身贫困的富翁，希望保护后代几代人免遭贫穷和经济限制。他去找律师，问他该如何做到这一点，律师问他，希望多少代人能够受惠无穷，他回答说，他认为他能庇护到第 10 代人。“是的，你可以做到，”律师说，“但你是否意识到，这第 10 代的每个成员，都有超过五百个祖先，你只是这五百人中的一员。也就是说，有五百个家庭可以宣称他是自己的后代。那他还算得上是你的后裔吗？”

他人的存在，是个体存在的保障。无论我们为自己的子孙后代做什么，我们都是在为整个社会而做，我们无法脱离和群体的关系。

家中无需存在权威，但一定要有合作。父母必须齐心协力，在养育孩子的各项事宜上达成一致。最重要的是，**无论是父亲还是母亲，都不应该偏袒某个孩子。偏袒孩子的危害罄竹难书，孩子在儿童时期的每种心理挫折，几乎都源自于感觉别的孩子受到了更多偏爱。**有的时候，这种感觉或许并非出于什么具体的事情，但是如果家庭氛围真的是平等的，孩子也不会产生这种心理。孩子的心灵非常敏感，即使一个优秀的孩子，也会因为怀疑另外一个孩子被偏爱，并由此产生错误的生活观。

有的时候，一个孩子成长得比别人的更快，或更乖巧让人省心，父母难免会有偏爱。父母需要有足够的经验和技巧，来避免表现出这种偏心，否则，其他孩子会造成心理阴影，带来心理挫折，他们会变得善妒，并怀疑自己的能力，合作能力也会受挫。这时，父母即使嘴上说“每一个都疼爱”，也是于事无补的。父母应该仔细观察，注意在孩子们心中，是否认为父母有偏心的言行。

关注和忽视

孩子在获取关注方面，是天生的高手。娇生惯养的孩子，往往更害怕独处，尤其是单独在黑暗中。他们害怕的，其实并不是黑暗本身，但是他们常会利用这种恐惧，试图将母亲留在身边。有个孩子总是在熄灯后哭泣，一天晚上，他母亲听到他的哭泣后，走进了他的房间，问他："你为什么会害怕？""因为太黑了。"他回答。但他母亲看穿了他的目的，说："那我进屋之后，就不黑了吗？"这说明，黑暗本身并不重要，他对黑暗的恐惧，只代表他不喜欢和母亲分开。一旦这种孩子和母亲分开了，他所有的情绪、力量和意志都会处于酝酿中，酝酿如何让母亲来到他身边。为了达到这个目的，他会尖叫大喊，歇斯底里，闹着不睡觉，或成为惹是生非的小家伙，将母亲吸引到自己身边。

在他们的各种花招中，教育工作者和心理学家最关注的，就是"恐惧"。在个体心理学中，我们要研究的不是造成恐惧的原因，而是采用这种手段的目的。所有被溺爱的孩子都有恐惧心理，恐惧是他们获得关注的手段，他们会将恐惧融入自己的生活方式中，利用它来实现与母亲亲近的目的，希望再次受到宠爱。胆小的孩子往往是娇生惯养的，而且希望继续被骄纵。

被宠坏的孩子有时会做噩梦或在睡梦中大叫，这是众所周知的症状。孩子在梦中的意识活动，与清醒时非常相似。他们的目的，就是为了自己的利益而操控局面，这个目的同时影响着他们的整个身心。在有了些经验后，他们会找到实现目标的最佳方法。即便在睡眠中，这方法也会出现在他们的梦境中，为他们的目的服务。如此尝到了几次甜头后，孩子如果想让母亲再回到自己身边，就会有意引导自己做个噩梦。即使是长大以后，曾被宠坏的孩子也会经常做噩梦。在梦中产生焦虑恐惧感，是他们经过充分检验的、获取他人注意力的方法，已经被内化成了一种习惯。

这种调动焦虑情绪的方法实在屡试不爽，因此如果见到娇生惯养的孩子半夜不找麻烦的，我们会甚感惊讶。被溺爱的孩子获取关注的诀窍五花八门，有些孩子会说睡衣不舒服，或总是喊着要水喝；还有些孩子会害怕窃贼或野生动物；还有些孩子总是不肯入睡，除非父母坐在床边陪着；有些孩子做梦、坠床或尿床。我治疗过的一个娇惯成性的孩子，她在晚上从来没给父母添过麻烦，不做梦，也不会半夜醒过来闹人。但她会在白天变得很缠人。这很反常，而她母亲后来的一句话解释了缘由，“她在哪里睡觉？”我问她母亲。她回答说：“在我床上。”

疾病，通常也是被溺爱孩子的庇护伞，因为生病会让他们得到更多的疼爱和迁就。被溺爱的孩子在生了一场病之后，往往会开始显示出问题孩子的特点。看起来，这似乎是生病造成的，然而他身体早就康复了，只不过，生病期间所有人围着他转的记忆，却也扎根了。当母亲不再像他生病时那样对他百依百顺时，他就变成个问题孩子，来报复母亲。有时候，一个孩子看见另外一个孩子因为生病成为焦点中心，就会希望自己也能生病，甚至会主动接近那个生病的孩子，希望能够被传染。

一个小女孩在医院住了 4 年，被医生和护士疼爱。她回到家后，最初父母也很娇惯她，但几个星期后，他们看她一切正常，就不再围着她团团转了。自此，一旦她的心愿得不到满足，她就会含着手指说："我住过院。"她是在提醒他们她生过病，希望保持那种曾经对自己有利的局面。我们在成年人身上，也会看见类似的行为，他们喜欢谈论生过的病或做过的手术。而也存在另一种可能，就是一个问题孩子在生过一场病后，反而变好了，不再给父母制造麻烦。虽然身体器官的缺陷容易导致性格缺陷，但我们却不能因此下定论，认为消除身体器官的缺陷，就会改变性格上的缺陷。

一个在家排行第二的男孩，他撒谎、偷窃、逃学、暴虐、不服管教，给父母制造了很多麻烦。他的老师对他束手无策，强烈建议将他送进少管所。正巧这时男孩病倒了，他得了髋关节结核病，打上石膏，躺了半年。康复后，他成了家里最听话的孩子。我们并不相信，一场疾患会对他的行为产生如此大的影响。很快，真相大白了，他之所以改头换面，是因为他意识到了自己之前的想法是错的。他过去一直认为，父母更喜欢他的弟弟，总是忽视自己。但在生病期间，他发现自己成了大家关注的中心，得到了很多帮助和照顾。他不再认为自己是个被忽视的孩子了，而由于这种认知带来的表现，也就消失不见了。

孩子间的平等

现在，我们来谈谈家庭合作中一个很重要的部分，即孩子之间的合作。除非孩子觉得自己受到了平等对待，否则人类永远无法培养起良好的社会感；除非女孩和男孩感到了平等，否则两性关系将继续表现出极大的矛盾。很多人问“为何同一家庭的孩子，在长大后经常出现如此大的差异”？很多科学家也试图对这一现象做出解释，认为是不同遗传基因的结果，但我们发现，这种解释是种迷信，而非科学。

把孩子比喻成树苗的话，当一片幼苗被种在一起时，它们每一个其实都处于完全不同的位置。如果有一棵树所在的位置，能让它沐浴更多的阳光，享受更肥沃的土壤，它会长得特别快。它的生长，也因此会影响其他树苗的生长，它的根部会格外发达，吸走其他小树的营养，使对方变得矮小，发育不良。同理，如果家里有一个成员太突出的话，局面也是如此。

我们前面说过，无论是父亲还是母亲，都不应该在家里占据主宰地位。通常，如果父亲非常成功，才华横溢，孩子会觉得他们永远也不可能取得像父亲一样的成就。他们会丧失勇气和信心，对生活的兴趣也会减损。也正是这个原因，很多名人的孩子，会让人们大跌眼镜。孩子们一旦看不见超越父亲或母亲的途径，长大后就会很平庸。所以，即使父亲事业成功，也永远不应该在家里强调自己的成就，否则会阻碍孩子的健康发展。

这个道理同样适用于孩子之间。如果一个孩子成长得特别好，他很可能会得到最多的关注和喜爱。对他来说，这是个美妙的待遇，但对其他孩子而言，则会感到不满。没有人会忍受着低于他人的地位，会不因此觉得厌恶和烦恼。这样一个受人瞩目的孩子，会损害其他孩子的成长发展，而其他孩子在长大后，难免会有心理匮乏感。他们将不会停止追求优越感，然而，他们的追求方向也许会是不现实的，或没有社会价值。

家庭格局

个体心理学的出现，为儿童成长的研究开拓出了一个广阔的视野，即：研究孩子的出生顺序，对其成长的利与弊。即便父母在培养孩子时合作得非常好，尽心尽责，但每个孩子在家庭中的地位仍然有着很大差异，对他们各自的成长都会产生巨大的影响。同一个家庭中两个孩子的成长环境绝不是一样的，每个孩子的生活方式，都是他试图让自己适应外界独特环境的结果。

第一个孩子

家里的第一个孩子，都经历过一段独生子女的处境，然后，不得不在第二个孩子出生后，突然被迫适应这一新情况。第一个出生的孩子，通常会受到很多关注和宠爱，因为这时候家里没有其他孩子和他分享，他已经习惯了自己在家里的中心地位。令他措手不及的是，自己从高坛上被赶了下来，另一个孩子出生了，他不再是独一无二、被偏爱宠溺的那一个，他必须要和一个对手分享父母的关注。这种变化，会在他心里留下深刻的印象。我们通常在问题儿童、神经症患者、罪犯、酗酒者和性欲倒错者身上发现，他们的成长问题就始于这种情况。他们多是家里的老大，另外一个孩子的到来让他们感到不安，他们内心的被剥夺感，塑造了他们的整个生活方式。

接下来的孩子，也会以同样的方式失去自己原有的位置，但这给他们的心理冲击可能不会像第一个孩子那么强烈，因为他们从来都不是唯一的关注对象，而且，已经有了和其他孩子合作的经历。但对最大的那个孩子来说，这却是个翻天覆地的变化。

如果他真的由于另外一个孩子的出生而受到忽视，我们就

不能指望他会心无芥蒂地接受这种情况，即使他心怀怨恨，我
们也不能怪罪他。当然，如果父母没有让他觉得失去父母的
爱，如果他确信没人抢走他的位置，最重要的是，如果他心里
已经做好了迎接弟弟或妹妹到来的准备，他就会安然度过这场
留下心理隐患。但通常情况下，第一个孩子并
宝的出生，真的带走了父母对他的关注、爱
开始试图将母亲拉回来，并想着如何才能重
时，我们会看见，一位母亲会身处孩子的
望占据她的身心。
更擅长使用感情绑架，并会想出各种新点
这种情况下，他会千方百计让母亲为自
着干，会养成一些行为特质，让母亲无
他耗尽了母亲的耐心，他的母亲对他
他开始真正感受到不再被爱的滋味。
果却是失去了这份爱。他感觉自己被
到了没人看得见的幕后。他会说：
，他对自己处境的看法也得到了
自己所做的一切都是合理的，是在捍卫自己的
权力，这时，他又怎么可能放弃抗争？

每一个争夺母爱的案例中，我们都必须要深入调查每个当事人的情况。如果母亲以强制强，这个孩子将会变得脾气暴躁，难以管教。不过，当他和母亲对着干的时候，父亲常常成了转机，在父亲那里，他也许能找回从前被偏爱的感觉。他随

后会对父亲产生兴趣，希望赢得父亲的关注和喜爱。也正因此，家中的第一个孩子通常和父亲更加亲近，更倾向于站在父亲那一边。在成长的第一阶段中，他主要依恋母亲，但现在他失去了她的感情，进入了成长的第二阶段，他将这份感情转移到了父亲身上，以此来谴责自己的母亲。如果，一个孩子更偏向父亲，这通常是因为以前遭受过打击，他曾被母亲忽视，他忘不了这种感觉，并依照这种感觉，建立了自己的生活方式。

这种战斗，有时甚至会持续终身。他们会在所有的情况下，都做出这种反应。他也许不会对任何人产生兴趣，然后变得绝望，想象着自己也许永远也不会赢得喜爱和关注。在这样的孩子身上，会显示出很多负面的性格特质，比如易怒、孤僻内向、很难和他人相处合作。这类孩子所有的行为和表现，都可以追溯到过去，追溯到他还是大家关注焦点的时候。

也是出于这个原因，身为老大的孩子们，通常会很迷恋过去，他们喜欢回顾往事，谈论前尘，并对未来感到悲观。

因为体验过失去特权和关注的感受，这个孩子会格外懂得权力的重要性。长大后，他会喜欢参与到各种能让他发挥权威的事情中去，极度夸大规则制度和法律的重要性。在他看来，每件事都必须按规则去做，规则不能被打破。这些成长过程中潜移默化的影响，会使孩子变得保守，这类孩子一旦长大后身居高位，他总是会疑神疑鬼，认为背后有人意图想要取代他。

虽然第一个孩子的排行地位，确实会带来很多问题，但如果处理得当，这些问题也会化为优势。如果第二个孩子出生时，他已经受到过合作能力的培训，能为母亲分担照顾婴儿的责任，他就不会留下心理创伤。我们发现，有些长子性格很热忱，具备保护并帮助他人的意愿。他们会试着去模仿自己的父亲或母亲，在别人孩子面前扮演父母的角色，照顾并教导他们，并觉得让弟弟妹妹幸福快乐是自己的责任。有时，他们还会由此发展出极强的组织能力。虽然当保护他人的心理动机过于强烈时，有可能变成想要掌控他人的渴望，但总的来说，正面的例子还是占多数。根据我在欧洲和美国的经验，我发现，大部分的问题青少年都是第一个孩子，比例紧排其后的，是最小的孩子。排行的两端产生了最多的问题，这是个值得探讨的现象。这说明我们的亲子教育还不完善，没有成功消除第一个孩子成长中的障碍。

第二个孩子

第二个孩子处于完全不同的位置，这种情况又与其他孩子无法相比。自他出生起，他就和另外一个孩子分享父母的关注，因此他要比老大多些兼容合作的精神。他的人际关系圈子更大，除了父母，还有哥哥或姐姐，如果老大不是处处和他作对的话，他的排行还是能带给他很多好处的。然而，因为一出生就位居第二，所以，他的童年期总会有一个领先起跑者，这个人无论年龄还是成长阶段，都领先于他，这会刺激他总想要努力追赶上去。他表现得就好像他是在参加比赛，如果有人先他一两步，他就会全力以赴。

《圣经》中也有类似的情节，在雅各的故事里，老二的这种心理被惟妙惟肖地描绘出来。雅各身为第二个孩子，希望取代哥哥以扫的位置，击败并超越他，成为第一。第二个孩子经常因为自己排在后面而恼火，努力想要超越任何在他前面的人。这种心理动机经常能促使他取得成功，所以，我们看到，家中的第二个孩子往往都比第一个孩子更有才华。当第二个孩子进入社会后，也经常会设立关于超越的目标，将自己和他认为更具优势的人相比，并试图胜过此人。

这些和出生排行有关的特质，不仅仅表现在清醒时的活动中，也会在人格的所有表现形式上留下痕迹，即便是在梦境里，也可以轻易发现这些特质。比如说，在长子的梦境里，经常会出现坠落的景象。而第二个孩子，经常梦见自己在比赛，或者追火车，或骑着自行车飞跑。当这种追赶现象在梦境中频繁出现时，即便我们不认识做梦人，也可以推测出，这个梦的主人是家中的老二。

然而，我们必须说明，这些并非是不可撼动的固定规律。并非只有排行第一的孩子具备老大的特质，个人特质的形成，不只是出生顺序在起作用。在一个人口众多的大家庭里，有时候，后面出生的孩子也会经历老大的处境。比如，第三个孩子出生的时间如果和第二个相隔较远，但后面第四、第五个孩子的出生却很紧密，第三个孩子也许就会显示出老大的特征。同样，第二个孩子的特质，也并非只会出现在排行第二的孩子身上。无论孩子的实际排行如何，如果有两个孩子出生时间挨得较近，他们一起长大，并且与他们前面的孩子或后面出生的孩子间隔都比较大，这两个孩子就会出现老大和老二的特质。

有时候，老大会在孩子间的竞争中被打败，然后你将发现，这个孩子逐渐出了一些问题。有时，他会为了保住自己的优先地位，打压后面的孩子，这种情况下，心理出问题的通常就是老二了。当老大是男孩，而第二个孩子是个女孩时，会给长子带来更多心理冲突。如果在这种情况下，老大被妹妹打败了，他面临的不仅是老大与老二的战争，还有男性与女性的较量，在我们现今的文化环境中，男孩和女孩之间的关系通常比同性之间更紧张。

女生在这方面倒是有些先天优势，一直到 16 岁，她在身心方面都会比同龄男孩发展得更快。在这种情况下，大一些的男孩将会放弃较量，会四处寻找花招，采取不怎么光明正大的手段，比如，他也许会撒谎或吹牛。但我们可以保证，在这种斗争中，赢的总是女孩。而继续发展下去的结果，就是男孩会走上各种错误的道路，而女孩却能轻松解决各种问题，并取得惊人的进步。不过这一状况也是可以避免的，如果提前有心理准备，采取正确措施减少孩子之间的摩擦，并且家庭环境保持平等合作、团结一致，孩子间就没有了必须竞争的理由，也没有了滋生问题的土壤。孩子不会认为自己有个敌人，不会把心思和时间都用在斗争上，只有这样，家庭才会避免出现问题孩子。

最小的孩子

只要是有弟弟或妹妹的孩子，他们都会失去相对优越的地位，但只有最小的那一个永远不会失宠。不过，他底下虽然没有更小的孩子，上面却有很多领先者。并且，因为他永远是家里的宝贝，也许是最受宠爱的一个，因此他面临着被溺爱的风险。但是，因为他受到哥哥姐姐们的激励，面临着种种竞争，所以最小的孩子通常会发展得超乎寻常的好，他会进步得更快，超过了所有前面的孩子。这种现象在人类历史上几乎没有发生过变化，即使在最古老的神话中，也能看到最小的孩子胜出并超过哥哥姐姐们的描述。

在《圣经》里，最小的孩子也永远是征服者。约瑟是作为最小的孩子被带大的，虽然弟弟便雅悯在十七年后出生，但他没有在约瑟的成长发育期影响到他。约瑟的生活方式是典型的最小的孩子的生活方式，即便是在梦境里，他也总是在维护自己的优越地位，其他人必须在他面前鞠躬，低他一等，他必须要比所有人都风光。他的哥哥们很了解他的梦想，这对他们来说一点都不难，因为他们和约瑟一起长大，非常清楚他的态度。约瑟在梦里引发的感受，也表现在他的生活方式上，哥哥们因此害怕他，于是想要除掉他。然而，约瑟成功地成了领先者，在他后来的人生中，他成了栋梁，是整个家庭的支柱。

最小的孩子，往往是家中翘楚或中坚力量，这一现象并非偶然。人们都知晓这一点，也喜欢讲述最小的孩子如何有能力。事实上，他也确实处于非常有利的局面，家里所有人都会帮助他，哥哥姐姐激发了他的抱负和追求，而他后面，也没人会攻击他或分散他的注意力。

然而，正如我们所看到的，问题青少年的第二大来源，就是来自最小的孩子。造成这种情况的原因，通常是因为所有家庭成员都溺爱他。一个集万千宠爱于一身的孩子，很难独立，他从来没有机会去发展解决问题的能力，因为他总是不用费力气就可以得到，或有人为之代劳。最小的孩子总是雄心勃勃，希望自己无所不能，独一无二。如果，我们能知道最小的孩子遭受着什么样的自卑感，我们也就很容易理解这种现象，因为家里每个人都比他大，比他强，也比他有经验。

独生子女

独生子女，自然也有独生子女的问题。他也有对手，但这个对手不是哥哥或姐姐，而是自己的父亲。因为他是母亲的唯一的宝贝，拥有母亲全部的爱，因此很容易发展出所谓的“恋母情结”，并希望将父亲排除在家庭画面之外。如果父母合作，齐心协力让孩子对父母都感兴趣，这种现象也是可以避免的，但通常情况下，父亲较少参与到养育任务中，失去了培养孩子对自己产生兴趣的机会。有时，第一个孩子也会出现独生子女的特质：他们想要战胜父亲，并且喜欢和比他们大的孩子玩。

通常来说，独生子女非常害怕会有弟弟或妹妹出生。如果亲戚朋友说“你应该有个小弟弟或小妹妹”，他会非常不喜欢这种设想。他希望自己一直是关注的中心，他会打心眼里认为这是他的专属权利，一旦他的这种位置受到挑战，他就会觉得不公平。而当上学或走向社会后，当他不再是所有人关注的中心时，他会经历很多心理挣扎以及现实困难。

独生子女在成长过程中，还会面对另外一个危险之处，使他在一个谨小慎微的环境中成长。有时候，父母因为某种原因，比如身体原因，不能再有更多的孩子，那就要做好准备，去应对独生子女的各种问题。但我们也会发现有些独生子女家庭是本可以生育更多孩子的，这类家庭的父母很可能是谨小慎微的，他们胆怯消极，因为他们觉得解决不了拥有数个孩子带来的各种考验。家里的气氛难免充满焦虑，让孩子也跟着遭受深切的痛苦。

如果孩子与孩子之间出生的年份相隔较大，我们也会在每个孩子身上看见独生子女的某些特质。出生年份相隔过大，并非是一件好事。经常有人问我：“孩子和孩子之间相差几岁最合适？”“应该一个接一个的生，还是隔很多年以后再说？”根据我的经验，我认为相差 3 岁是最适合孩子健康成长的。3 岁的时候，孩子在心理和行为上都会乐于合作，容易接受新生婴儿的到来。他有足够的智力，能够理解家里可以不只有他一个孩子。

此外，如果家里全是女孩，只有一个男孩，他的成长注定会艰难些。父亲白天出去工作，大部分时间不在家，相比较而言，他和母亲、姐妹、女佣等相处时间最多。他会觉察到自己的不同，会在孤立中长大，尤其是当所有女性联合起来管教他的时候，他的孤立感更突出。而所有女性家庭成员，都会觉得自己有权利参与到他的成长中。如果他上有姐、下有妹，处于上下夹攻的中间状态，这是最糟糕的局面。如果他是长子，他下面的妹妹会是个非常激烈的竞争对手。如果他是最小的，就会被宠坏。

在女孩堆里长大的男孩子，在学校或社会上都不怎么让人喜欢。如果他在社交生活中能够交到同性朋友，有小伙伴一起玩耍，这种问题也是可以避免的。但如果做不到这一点，身处女性丛中的男孩，难免会沾染女性气质。

女性化的环境和男女混合的环境，对孩子的成长有着完全不同的影响。在纯女性环境中长大的男孩子，很容易形成女性的审美观以及生活观。但也会出现另一种情况，他或许会本能地反抗这种氛围，极度强调他的阳刚之气。他会时刻警惕着不要被女性支配，会坚定地维护自己的“与众不同”之处，但这难免会带给他压力。他的成长，会沿着两条极端的道路发展：要么，他把自己变得非常强壮；要么，他会变得非常柔弱。

同样的情况，也会出现在女孩身上。如果她是家里唯一的女孩，其余都是男孩，她也许长大后会非常具有阴柔气质，或非常像男孩。而且，她经常会被不安全感和无助感缠绕，这种情况值得我们深入研究。

在我所研究的成年人案例中，我发现，他们早期的童年体验和印象，带给他们的影响会伴随终身。家庭中的排行位置，在他们的生活方式中留下了不可磨灭的印记。孩子成长中的每个困难，都是由家庭内部的竞争和缺乏合作造成的。环顾我们的世界，我们会感慨为何人们总是渴望成为征服者，渴望去超越或打败他人。这种现象，正是童年早期经历的结果，是家庭成员之间缺少平等的结果。但通过培养儿童的合作能力，这些弊端是可以被消除的。

学校的影响

What Life Could Mean to You

第七章

教育的改革

学校是家庭的延伸。

如果父母都有足够的能力培养孩子全面发展，使他们具备相应的能力面对生活的难题，那学校教育也将无须存在。在过去，孩子的教育几乎完全是在家里完成的。工匠靠自己的手艺养家糊口，并将自己从祖辈那里继承下来的技艺，以及自己的实践经验，悉数传授给自己的儿子。然而，我们如今的文化对我们的要求更高更复杂。学校能减轻父母的养育负担，对孩子进行启蒙教育，因此，学校教育不可或缺。社会生活，需要其成员具备更高的教育水平，而这是家庭教育无法企及的。

在美国，教育改革还没有像欧洲那样，完全经历所有的发展阶段；因此，在我们的学校，有时仍然可以看见传统权威的遗迹。而在欧洲教育史上，正规教育起初是王室和贵族的特权，他们被认为是社会精英，唯独他们是有价值的。而除此之外的人，则被要求安分守己地工作，不能追求更高的目标。后来，社会环境慢慢变得宽松，宗教机构承担了国家的教育责任，小部分被挑选出来的人可以在宗教、艺术、科学以及专业学科方面获得教育。

工业革命开始的时候，这些陈旧的教育形式已经无法满足社会的需求，要求教育面向更广阔的社会。过去，在乡镇地区，学校的教师通常是修鞋匠和裁缝，他们本身并没有什么文化素养，教学只靠手中的棍棒，效果自然不好。而工业革命，意味着工人必须有文化，会认字写字，会做运算以及绘制，因此，现在所熟悉的公立学校也得以成立。

然而，这些公立学校一直都是按照政府的需要建立的，教育民众的目的是为了服务统治阶级的利益，培养有教养的顺民。这种教育的不足之处，后来变得越来越明显。社会的自由精神在增长，公立学校也顺应了他们的要求，做出了改革，而这些改革最终促生了当今的普世教育理念，即：孩子们应该具备独立思考能力，应该都有平等机会接受文理教育，长大后能为全人类的文化做出贡献。我们不再只希望孩子是为了赚钱而接受教育，我们需要的，是能够教育出通过合作为社会共同利益做出贡献的人。

老师的角色

无论我们意识到与否，提倡学校改革的人，其实都是在寻求一种提高合作程度的方法。比如，性格教育的目标就是为了培养个体的合作能力。这就要求我们聘请的老师不仅能培养孩子谋生的技能，还要培养他们以对人类有益的方式去工作。他们必须意识到自身工作对社会的重要性，并且受到相应的培训去实现这一目标。

性格教育的重要性

目前来说，性格教育依然处于摸索阶段，还没有真正有组织、有系统地尝试。即便是在学校里，性格教育的结果也不尽如人意，更何况，很多在家庭生活中问题很多的孩子来到了学校接受教育，虽然他们听课并接受训导，但他们的性格问题并没有改善。

对性格教育的关注，也是我工作的重心。虽然有过很多精神病医生为孩子做出诊断并提出建议，但除非老师们也赞同并知道如何执行这些建议，否则就没有任何意义。一个一周只和孩子见一两次面的精神病医生，并不会完全知道家庭、学校以及社会对孩子造成的整体影响。除非他们自己了解孩子的性格，否则什么也做不了。精神病医生和老师之间，需要最密切的合作。

当孩子刚入学时，会面临着社会生活中全新的考验，而且这个考验会暴露出他在成长过程中的各种弊端。如果他在家养尊处优惯了，他可能不愿意离开受到庇护的生活，不愿意与其他孩子一起相处交往，我们就可以在孩子刚入学的表现上，看出他在社会感方面的局限。他也许会大哭大闹，吵着要回家；

也许不会对学习和老师感兴趣；也许不专心听课。通常，问题孩子的父母都说孩子在家表现良好，不给大人添麻烦，只有到了学校才会出现问题。我们可以推测，孩子这么做，是因为觉得只有家里最好。在家里，他不会受到任何考验，因此自己的问题也暴露不出来。然而，在学校，他不再处处受到呵护，还必须面临各种挑战。

有个孩子从第一天上学起，除了嘲笑老师的每一句话外，什么都不做。他对学习不感兴趣，以至于被认为有智力缺陷。当我见他的时候，我对他说："大家都很好奇，你为何总是在学校捣乱，为什么嘲笑老师。"

他回答说："父母把孩子送到学校，就是为了愚弄孩子。"

原来，他在家里总是受到戏弄，因此认为每个新的情境都是为了捉弄他，所以，他对学校嗤之以鼻。我向他表示，并不是每个人都想愚弄他，他没必要在维持自尊方面反应过激。懂得了这一点后，他开始对学习产生了兴趣，并取得了进步。

老师和学生的关系

老师的任务，就是要注意到孩子的问题，并纠正这些错误。他们发现，有些孩子在家庭中被培养出了一定的合作能力，这些孩子具备社会感，能参加更广泛的社会生活，愿意和他人交往。而有些孩子则不具备这些基础，当他面对社交问题或新环境时，就会犹豫退缩。每个智力正常但学习落后的孩子，都会在适应社会生活的时候，表现得犹豫不决，而老师正处于最佳的位置，能够帮助孩子面对新形势所带来的挑战。

老师应该如何帮助这个孩子呢？他需要承担起母亲该承担的责任——建立起和孩子之间的纽带，并让孩子对他产生兴趣。孩子的兴趣，决定了他未来的发展走向。苛责和惩罚是无法让孩子产生兴趣的，在学校，一个孩子如果很难和老师以及同学建立良好关系，最糟糕的处理方法，就是批评指责孩子。这种方法只会让他更清楚地觉得，不喜欢学校是正确的。

大部分逃学的孩子，他们成绩很差，看起来很愚笨，或难以管教，对他们来说，学校是个不愉快的环境。其实，他们并不笨，从编造逃学理由，到模仿父母笔迹写信，都能看出他们的天赋。但他们更愿意和其他逃学的孩子在一起，因为他们从这些伙伴那里获得的赏识和理解，是在学校里无法体验到的。他们觉得自己成了圈子中的一分子，体会到了学校不被承认的价值，但是他们所说的圈子不是班级，而是问题少年组织。在这种情况下，我们可以看见，那些没有被班级接受为平等成员的儿童，即逃学的儿童，是如何被刺激转变，最后走上犯罪道路的。

让孩子对学习感兴趣

如果老师想要吸引孩子的兴趣，他们需要先明白孩子的兴趣所在，并使孩子相信，他可以在这种兴趣以及其他兴趣中获得成功。当一个孩子在一方面有了信心后，在其他方面也更容易受到激励。因此，从一开始我们就应该了解这个孩子的世界观，了解是什么占据了他的注意力，是否受到过培养。有些孩子对观察感兴趣，有些是听力极为敏感，还有些对活动感兴趣。视觉型孩子容易对需要用眼的科目感兴趣，比如地理或绘画。他们或许不喜欢听老师讲课，因为不习惯调动听觉去接受信息。如果这些孩子没有机会通过眼睛去学习，他们的学业就会落后。然后大家就会理所当然地认为，他们没有能力或天分。

这种情况下，该受到责备的不是孩子，而是老师和家长，因为他们没有找到正确的方法让孩子对学习产生兴趣。我并不是在提议这些孩子的教育应该特殊化，但孩子在任何一方面发展出的兴趣，都应该被利用起来，去鼓励他们对其他方面产生兴趣。现在，有些学校采用了新的授课方法，调动起孩子所有的感官，比如将使用模型和绘画练习与传统科目内容相结合。这种趋势，应该得到进一步的鼓励和发展。教授知识的最佳方法，是使其不脱离生活，以便孩子能够看见学习的实用价值。人们经常提出这样的问题：教育孩子时，是注重教材内容好，还是独立思考能力好？在我看来，这个问题犯了严重的二元对立错误。这两种方法，完全可以结合使用。比如，教孩子数学时，可以和建造房屋相结合，让他们发现建筑需要多少木材，适合多少人居住等等。这种方法具有很好的优势，既可以开发孩子的独立思考能力，也学习到了知识。

有些科目可以被结合起来教授，我们经常看到，很多老师非常擅长将生活中的某一面和其他方面联系起来，举一反三，触类旁通。比如，一位老师可以和孩子一起散步，并发现他们的兴趣所在。当然，前提是这位老师真正地对学生感兴趣。

教室里的合作和竞争

我们通常发现，当孩子们首次来到学校时，他们对竞争所做的准备，远远超过对合作的准备，而且对竞争能力的培养，一直贯穿着他们的学生生涯。这对孩子来说是种灾难。如果总是名列前茅，拔得头筹，这简直和一直落后同样具有灾难性。因为不论是哪种情况，他感兴趣的始终是他自己，是为自己谋求利益，而不是贡献并帮助他人。如果说家庭是一个单位，每个成员都是平等的一员，那么在学校中也是如此。如果孩子们受到过这种教育，意识到自己是集体中平等的一员，他们就会对他人真正感兴趣，关心他人，并且乐于与他人合作。

我见过很多“不好相处”的孩子，在懂得了与同龄孩子合作、并对他们产生兴趣后，完全改变了自己的态度。其中有一个孩子让我印象非常深刻。在家里，他觉得每个人都对他怀有敌意，并因此认为在学校里，每个人也会对他充满敌意，而他也一直敌视着每个人。他学习不好，父母知道后，狠狠地惩罚了他。这种情况经常发生：学生在学校成绩不好，在学校被责备了一番；将成绩单带回家后，再次受到惩罚。双倍的惩罚，足以让挫败雪上加霜。这个孩子在学习上一直很落后，而且是课堂上的捣乱分子。后来，他遇见了一位老师，这位老师了解了他的情况后，对班上其他孩子解释了为何他总是与大家为敌，他让大家共同帮助这个男孩，让他相信每个人都是他的朋友，这个男孩后来发生了惊人的逆转，取得了让人惊叹的进步。

有时候人们会怀疑，孩子是否真的能学会理解别人，并帮助他人。有一次，一位母亲带着两个孩子来找我，女孩 2 岁，男孩 3 岁。小女孩爬上了桌子，她母亲吓得半死，一直大喊着“下来！下来！”小女孩对她的话充耳不闻。小男孩说：“待在那里别动！”这个小女孩立即安全地爬了下来。哥哥对妹妹的了解胜过母亲，并且知道在这种情况下该怎么做。

有种建议认为，提高班级的团结合作，就是要让孩子们自我管理。但我认为，这种尝试必须要在老师的指导下谨慎进行，并保证孩子们有充分的准备。否则，我们将会发现，孩子们对自我管理并不认真，会将此视为一种游戏。结果就是，他们可能比老师还严格，或利用集体来假公济私，排挤他人，或用以获得个人优越感。

儿童发展的评估

如果我们想了解孩子当前的智力发展水平、性格和社交行为，我们免不了要让他们参加各种测试。有时候，某种测试的确能挽救一个孩子，比如智力测验。假如一个男孩学习成绩不好，老师想将他调至低年级。但因为他接受了智商测试，结果显示他其实应该升级。这其中我们应该清楚的一点是，智力测验绝对无法预测一个孩子未来发展的极限，它只应该作为我们了解孩子们正面临什么样的困难，以便找到合适的方法帮助孩子克服困难。从我过去的经验来看，对那些经智力测验证实并无智力缺陷的孩子们而言，如果能找到正确的方法，他们是能得到提高的。不过我发现，如果孩子经常做智力测验题，找出诀窍并提高做题经验，他们的智商分数就会提高。由此可见，智商测试结果并不能完全用来说明孩子的智力水平。更不应该被视为由命运或遗传决定的禀赋。

无论是孩子，还是他的父母，都不应该过分相信他的智商分数，这种测试并不是最终的权威判断。教育所面临的最大困难，并不是孩子的局限性，而是这个孩子的自我设限。如果一个孩子知道自己的智商很低，他也许会绝望，并认为自己和成功无缘。在教育孩子的时候，我们应该致力于提高孩子的勇气和兴趣，并且消除他对生活的错误认知，和对自身能力的自我设限。

同理，我们对成绩单的态度也应该如此。如果老师给孩子的成绩报告是差，他旨在激励孩子更勤奋刻苦。但是如果孩子的家教极为严格，他不敢将成绩单带回家。也许会避免回家，或修改成绩单。有的时候，孩子在这种情况下甚至会自杀。因此，老师们应该仔细斟酌一下这样做的后果是什么，要考虑到孩子的家庭生活以及其对他的影响。如果父母望子成龙心切，孩子拿着不怎么漂亮的成绩单回家，也许会受到父母的责备打骂。如果老师更心慈手软一些，这个孩子也许会受到鼓励，奋发图强并取得成功。

如果孩子的成绩报告都是差评，而且每个人都认为他是班上最差的学生，他就会相信自己很差，并且认为这是不可改变的。然而，最差的学生也会取得进步，这类例子在那些人中豪杰身上数不胜数，学习成绩不好的孩子，也许会重获信心和勇气，恢复兴趣，并取得巨大的成就。

值得深思的是，即使不借助成绩报告，孩子们通常也能对彼此目前的能力有着准确的判断。他们知道哪位同学最擅长数学、拼写、绘画以及体育，并且也能很好地知晓自己的长处或短处。但他们最经常犯的错误就是，认为自己永远无法做得更好。他们看见比他们优秀的人，会认为自己永远也无法赶上，如果一个孩子对此深信不疑，他将会用这种认知看待他以后的生活。即使在成人后，他也会将自己的处境和他人相比，并认为他将始终屈居人后。

大部分孩子在其整个学生时代的排名或多或少是稳定的。名列前茅的孩子总是名列前茅，在中间或垫底的孩子也总是如此。但我们不应该认为这件事就表明了他们的天赋差异。这表现的其实是他们对自身的设限，他们的乐观程度，以及活动的领域。学习成绩垫底的孩子也会改变并取得令人惊讶的进步，这种事情并不少见。孩子应该懂得这种自我设限是错误的，而老师和孩子也都应该摒弃关于智商与遗传的迷信。

先天和后天

在教育方面所犯的一切错误中，最糟糕的错误，就是相信遗传会决定个体的发展。这给了老师和父母为自己开脱和松懈的机会，他们对于自身给孩子造成的影响，找到了绝佳的借口。我们反对任何一种推卸责任的企图，如果一位教育工作者真的将孩子所有的性格发展和智力归因于遗传，他不可能在自己的职业中取得任何成就。

需要注意的是，我在这里说的遗传，不是指身体的遗传。毫无疑问，身体器官的缺陷是有可能会遗传的。

当我初次提出这个结论时，很多人指责我不科学，认为我的观点并不符合事实。我的这个结论，来自于我的自身经历，但是支持此结论的证据，却在不断积累。如今，很多精神病学家和心理学家也开始相信，性格来自遗传其实是个迷信。在这个迷信存在的几千年中，每当人们想要推卸责任，人格特质先天遗传这一理论，就必然会被采用。这种理论最简单的形式，就是相信孩子的好或坏是天生的，只有在逃避责任的强烈渴望下，人们才会允许这一观点的存在。

“好和坏”或“善与恶”，和性格的其他表达形式一样，只有在社会环境中才具有意义。它们是人类互动的结果，仅意味着一个人的行为是“有利于他人福利的”或“和他人福利背道而驰的”。孩子出生前没有接触过社会环境，出生后，他的潜质有可能会朝着这两个方向其中之一发展。他决定遵循的道路，取决于他从环境和自己的身体得到感知，以及他解读这些感知的方式。但最关键的是，他选择的道路将取决于他所受到的教育。

智力的遗传也是如此，虽然这方面的证据也并不清晰。影响才智发展的最大因素，是兴趣。兴趣受阻不是因为遗传，而是来自于灰心及恐惧，挫折及失败。毫无疑问，大脑结构在某种程度上是先天的，但大脑并不是智力的来源。只要大脑的结构缺陷没有严重到医学都无法修复，就可以通过训练，弥补其先天缺陷。在每种出众能力的背后，我们都可以看见，不是某种特殊的遗传在起作用，而是长期的兴趣和训练带来的结果。

即使很多家庭人才辈出，一连几代人都为社会做出了贡献，我们也不应该将此归因于遗传作用。我们可以认为，是家庭成员的成功，激励了其他家庭成员，而且这个家庭的家风传统，使孩子们能够追随自己的兴趣，并通过后天练习来培养自己。比如，伟大的化学家李比希是药店老板的儿子，但我们不需要将他的成就归因于遗传。通过更加仔细的研究后，我们发现，原因在于他的家庭环境允许他追求自己的兴趣，于是，在大多数孩子还不知道化学为何物的时候，他就已经对这门学科了如指掌。

莫扎特的父母喜欢音乐，但是莫扎特的音乐才能并非来自遗传。他父母希望他对音乐感兴趣，并给予了他各种鼓励，为他提供培养这种才能的条件。从孩提时代，他就在生活环境中受到音乐熏陶。

我们在优秀的人身上总能发现一个共性，就是他们的起点都很早。比如，有的孩子在 4 岁就开始弹钢琴，或在很小的时候就开始写故事。他们的兴趣持续时间很长，而且持之以恒，他们受到的培养是自发而广泛的，他们一直保持着前进的勇气和信心。

如果一位老师认为，每个孩子的发展都是先天限定的，他就不可能帮助孩子消除对自身发展所设的限定。如果他对孩子说“你没有数学天分”，这很可能会减轻他自己作为老师的责任，但这不但解决不了孩子的问题，还会让孩子心理更加受挫。我自己就有过这样的经历，一连几年，我的数学在班上都不如其他学生，并且非常坚信自己天生无法学好数学。幸运的是，有一天我发现自己解出了一道难题，这题甚至难倒了老师，这让我惊讶无比。这次成功，完全改变了我对数学所持的态度，我开始喜欢它，并抓住一切机会来提高我的数学能力。后来，我成了学校里数学成绩最好的学生之一。这份经历对我的最大帮助，就是让我思考天生禀赋理论的谬误。

识别人格类型

对任何一个受到过教育培训的人来说，很容易就可以区分出孩子的性格类型和生活方式。一个孩子的姿势、看和听的方式、和其他孩子保持的身体距离、交朋友的态度、注意力和专注力，都透露了他的合作能力。如果他忘了写作业或丢了课本，我们可以认为他对学习不感兴趣，因此，我们必须要发现他为何厌学；如果他不和其他孩子一起做游戏，这就说明他有孤独感，只对自己感兴趣；如果他总希望得到外界的帮助，我们就可以看出他缺乏独立精神，并渴望得到他人的支持。

有些孩子只有受到表扬和赞美时，才会愿意学习。很多被溺爱的孩子只有在得到老师的关注后，才会用功读书，而一旦他们失去了这个优待，麻烦就出现了。如果没人注意他们，他们很可能会就此失去了兴趣。通常，对这些孩子来说，数学是最大的挑战和困难，因为数学需要他们自己独立解决很多问题。

看起来，这个缺点似乎微不足道，但总是要求得到他人的支持和关注的孩子，对他人的幸福却是最大的威胁。如果他一直是这种态度，成年后，他将会继续要求得到他人的支持，他一出现问题，就会用某种行为强迫他人为他解决这个问题。他将会过着对他人的幸福没有任何贡献的生活，而且，他可能会一直乐于当个寄生虫。

而对于一些想要成为关注中心的孩子来说，如果他们没有得到这种待遇，就会搞恶作剧、扰乱课堂、干扰其他孩子，成为人们排斥的对象。谴责和惩罚对他们不起作用，他反而因此沾沾自喜。他宁愿被惩罚，也不愿被忽视。而他的行为带给他的痛苦，在他看来十分值得。正因此，很多孩子在受到惩罚后，不仅不会痛苦，反而特别高兴，之后更加为所欲为。他们将惩罚视为一种较量或比赛，看哪一方能坚持到最后，而因为他们掌握着变与不变的主动权，所以总是能得逞。

懒惰的孩子几乎都是心有抱负、却害怕失败的孩子。除非他的懒惰是为了故意反抗父母和老师。每个人对成功的定义都不同，但孩子们对失败的理解，会更加令人吃惊。很多人会认为，如果他们不领先于他人，即使他们已经很成功了，但也是种失败。懒惰的孩子从来没有尝过失败的滋味，因为他从不真正去面对考验。他回避眼前的问题，推迟会给自己带来竞争的决定。很多人都相信，如果他勤奋一些，他可以自己应付困难，然而，他自己却躲在想象中自我安慰：“只要我想做，没有我做不到的。”每当他考试不及格，他不会去寻找原因，而是用无所谓的态度，来维护自己的自尊心。他会对自己说：“我只不过是懒得学，不是没能力学好。”

有时，老师会对懒惰的学生说：“如果你努力学习，你会成为班上最优秀的学生，你很聪明。”但这样他会认为，既然自己不努力也会被人认为聪明，自己又为何要辛苦地去学习。他会认为，勤劳会让人以为他很笨，因为都说勤能补拙。他还会担心，一旦他不再懒惰，人们将会发现，他实际能取得的成绩和人们以为他会取得的成绩，有如此大的差别，他从此就不会被人认为是聪明的孩子。懒惰的孩子从懒惰中获得了好处——他只要努力一点儿，就会受到表扬，人人都会认为他洗心革面了，并会热切地给予他更多赞赏。而一个总是很勤奋的孩子，即使做了同样的努力，却不会有人注意到。懒惰的孩子就是以这种方式，一直活在大家的期望之中，同时，也一直活在人们的关注与宠爱中，或许从婴儿时，他就养成了这种心态，习惯了不劳而获。

还有一种类型的孩子，我们总是一眼认出，那就是喜欢领导其他人的孩子。人类确实需要领袖，但更需要的是能为大家利益着想的领袖，这样的领导力本就罕见，更何况大多数带头的孩子，只对他们能操控的情况和能支配的人感兴趣，只有确保一切如愿时，他们才会和伙伴们共处。因此，这种类型的孩子，其前途并不会很光明或顺利。困难或障碍注定会出现在他以后的生活中，体现在婚姻、职场或社会关系等各个方面。而两个这种类型的人相遇时，结果不是闹剧就是悲剧，双方都会伺机领导另外一个人，以建立自己的优越地位。你可能见过有些老人看到自家小孩子对大人发号施令的样子会被逗笑，觉得好玩，甚至放纵他们变本加厉。但好的老师能一眼看出这些被宠坏的孩子的人格将不利于对社会有益的方向上发展。

孩子们各有各的特质，我们的目标不是将他们塑造成固定样式，或塞进同一个模子。然而，我们希望能够预防那些会导致失败和困难的习惯，在儿童时期，这些问题相对来说比较容易纠正和预防。如果孩子的某些习惯在这时候得不到纠正，就会给成年后的生活带来破坏性的后果。儿童时期的错误和成人的失败之间，有着直接的因果关系。没能学会与他人合作的孩子，成年后可能成为神经症患者、酗酒者、罪犯或自杀者。比如焦虑症患者，小时候害怕黑暗、陌生人或新环境；忧郁的人，小时候曾是那个不停哭闹的婴儿。

在现今社会，我们无法和每位父母接触，帮助他们避免错误。还有一点，那些真正需要建议和帮助的父母，却从不会寻求帮助。然而，我们可以达成的是，通过接触老师，可以接触到所有孩子，尽量纠正孩子已经犯下的错误，并培养他们去过一种独立、勇敢、合作的生活。

在我看来，这份事业可以最大限度地保障人类未来的福祉。

关于教学的几点观察

如果我们能理解孩子性格迥异，才华各异，而不是将他们当作千人一面的群体，即使在人满为患的集体中，我们也能观察到孩子的个体差异，并更好地为他们提供帮助，以解决他们的问题。当然，庞大的班级肯定是个缺点，有些孩子的问题因为人多而不容易被察觉，因此很难得到正确地对待。但老师应该对每个学生都了如指掌，否则他就无法让孩子对他产生兴趣，建立合作关系。我认为，如果孩子一连几年都由同一个老师带，是非常有好处的。有些学校的老师每个学期都更换，老师没有机会和孩子们好好相处，更别提察觉到他们的问题，和跟踪他们的进展了。但如果一个老师和某个孩子朝夕相处好几年，他就能更容易发现并纠正孩子错误的生活方式；而且他也更容易将班集体打造成一个合作的社会单元。

贸然让孩子跳级，一点好处也没有，这会让他背负自己无法实现的期待。如果这个孩子的年龄比同班同学大很多，或成长进步更快，我们也许应该考虑让他跳级。然而，班级是个集体，一个成员的成功往往会带动整个集体。如果班上有出众的孩子，全班都会受到影响，希望进步。因此，剥夺任何一个孩子这种受到激励的机会，都是不公平的。我更愿意建议，除了普通的学习任务之外，优秀孩子应该参加额外的活动，培养其他方面的兴趣，比如绘画。他在这些活动或兴趣上取得的成就，将会拓宽其他孩子的兴趣，并能鼓励他们前进。

故意让孩子留级更不可取。每个老师都认为，留级的孩子在学校和家里都是问题孩子。但事实并非总是如此，有一小部分留级生表现很好，不会给我们带来任何麻烦。然而，大部分留级生确实依然落后，令人头疼。他们给同龄孩子留下不好的印象，也给自己留下了悲观的态度。然而棘手的是，在我们目前的教学常规中，免不了要让一些孩子留级。但有些老师会利用假期培养孩子，让他们认识到自己生活方式的错误之处，成功地避免了不必要的留级。一旦孩子的问题被发现，而且孩子自己也意识到了这些问题，孩子就能顺利跟上班级中其他人的节奏。事实上，这也是唯一能够帮助差生的方法。让他意识到他对自身能力存在低估或错误的认识，我们就能将他从思想的桎梏中解放出来，让他通过自身努力去取得进步。

有时，孩子因为成绩不同，会被分到快班和慢班。在这种现象里，我注意到了一个突出的事实。我发现，慢班的孩子要么智力低下，要么来自贫困家庭；而快班的孩子主要来自富裕家庭。这一事实似乎足以说明问题，在经济条件有限的家庭里，孩子在各方面都没有做好充分的入学准备。父母面对很多困难，抽不出时间培养孩子，或者是父母自身教育程度有限，对孩子起不到示范和帮助作用。

然而，这不代表各方面基础薄弱的孩子，就应该被分到慢班。一位训练有素的老师，将会懂得如何纠正孩子的薄弱之处，而且，和准备充分、基础好的孩子朝夕相对，会让他们受到积极的影响。如果他们被分到慢班，他们通常会很受挫，而快班的学生则会因此鄙视慢班的同学。慢班的存在，只会助长孩子们的挫败感，逼迫他们以错误的方法争取个人优越感。

原则上，男女同校值得大力支持。这是让男孩和女孩更好地了解彼此、并学会与异性合作的绝佳方式。然而，如果认为男女同校是万全之策，那又是顾此失彼了。男女同校有其自身特殊的问题，如果这个问题没有被认识到，也没有被当成一个需要被解决的问题，男女同校所造成的两性之间的疏远，会比单一性别的学校更大。

比如，其中一个问题就是，女孩在16岁以前通常各方面的发育都比男孩快。如果男孩不知道这一事实，就会觉得很难维持自己的自尊。他们看见自己被女孩不断超越，会变得灰心丧气。在以后的生活中，因为过去有着输在女孩手里的经历，他们会害怕与异性竞争。

另一个问题就是性教育。如果孩子没有得到正确的指导和监督，和性有关的问题一定会陆续出现。学校的性教育问题并不简单，教室不是进行性教育的合适场所，如果老师对全班进行统一的性教育，他就无法知道每个孩子是否正确地理解了性知识。他或许引发了孩子对性的兴趣，却不知道孩子们是否对此有了充分准备，或他们将会怎样将自己对性的理解运用到生活方式中。当然，如果一个孩子希望了解更多性知识，并在课堂下提问，老师应该坦率地实话实说。这个时候，他就有了机会去判断，这个孩子真正想要知道的是什么，并将其引导上正道。然而，如果总是将性教育放在课堂上讲，会破坏性的神圣感，有些孩子难免会产生误解，认为性是无足轻重的事。

咨询委员会

为了接触老师并建立起学校咨询服务项目，大约 15 年前，我开始发展个体心理学咨询委员会。在心理咨询委员会的工作过程中，经验丰富的心理学家和学校的老师联手，共同解决孩子成长中出现的问题，这个过程也很值得每个家庭借鉴。

当专家访问学校的时候，老师会描述孩子的情况，以及这个孩子制造的问题。也许这个孩子学习不用功，懒惰散漫，喜欢和人吵架，逃学，偷东西或学习成绩差。心理学家就会分享他自己的经验和知识，然后双方进行讨论。心理学家需要知道孩子的家庭环境、性格、成长发展状况以及孩子首次出现问题的情形。老师和心理学家会一起研究讨论产生这个问题的原因，以及处理方法。因为双方都在某一方面很有经验，他们很快就会得出一个共同的结论。

心理学家访校那天，孩子和他的家长也需要出席。心理学家和老师先决定好，如何以最合适的方法与孩子的父母进行交流，如何向他们展示造成孩子这些问题的原因，然后将父母请进来一起讨论。家长们通常会提供更多有关孩子的信息，然后父母和心理学家双方开始讨论，在讨论过程中，心理学家会向父母建议应该怎样才能帮助孩子。通常来说，家长们会很高兴有机会进行咨询，并且做好了配合准备。如果他们对建议有抗拒，心理学家或老师会讲述同类的案例，对父母进行开导，告诉他们这些情况也会出现在自己的孩子身上。

然后，就轮到孩子出场了。心理学家要和他展开交谈，但不是为了指责他的错误，而是为了指出他面临的问题。他从孩子的讲述中，寻找那些阻碍了孩子健康发展的观点，以及孩子是否认为自己受到轻视、而其他孩子更被人偏爱等。心理学家不会谴责孩子，但会用友好的语气和态度和孩子交流，这将让他有机会从孩子那里获得另一个观点，一个和老师以及父母都不同的观点。假设心理学家要讲这个孩子身上一个具体的错误，他也会把它放在一个假设的案例中来说，然后，他邀请孩子提出自己的观点，孩子会对问题理解得非常透彻，整个态度也会很快改变。任何没有体验过这种方法的人，在目睹这一过程后，都会惊讶于它的显著效果。

所有用这种方法工作过的老师，都等于经过了一场训练，也都会欣然接纳这一方法。这种方法让他们所有的学校工作，变得更有意义，并且对他们付出的心血更具效果。通常在半小时或更短的时间内，他们就能解决很多年悬而未决的问题，所以，没有老师会认为这种方法给自己增加了额外的负担。老师们的成功合作，让整个学校的合作精神也加强了，一段时间之后，各个班级里不再出现重大问题，只剩下一些并不棘手的小纰漏。老师们自己也成了真正的心理学家，他们理解了人格的统一性，以及内在人格和所有外在表现方式的一致性。如果哪天出现了什么问题，他们自己就可以解决。事实上，如果所有的老师都能受到这种培训，也就不再需要心理学家了。这是我的心愿。

比如，如果班上有个懒惰的孩子，老师可以让孩子们进行一场有关懒惰的讨论，由老师做主持人。老师可以这样发问："懒惰从哪里来？懒惰的目的是什么？为何懒惰的孩子不想改变？他们应该改变的是什么？"孩子们会就此发言，大家一起得到一个结论。那个懒惰的孩子不会知道自己是讨论的起源，他只会觉得这个问题似乎自己也有，并因此分外关注这个话题，从大家讨论中获益良多。如果，直截了当对他说，他会觉得自己受到了攻击和羞辱，必然不会学到什么。但如果，他是以旁观者的身份听到他人的想法和建议，他会主动考虑自己的问题，很可能会改变自己观点及态度。

老师整天和学生相处，没有人能比他们更了解孩子的心理。他接触过很多类型的孩子，如果他技巧到位，能和每个孩子都建立起良好的关系。孩子在家庭生活中养成的错误是会继续下去，还是能得到纠正，完全取决于老师。老师就像母亲一样，都是人类未来的守护者，他们能做出的贡献，是无法估量的。

青春期

What Life Could Mean to You

第八章

什么是青春期

有关青春期的书不胜枚举，但它们都围绕着同一个主题，那就是将青春期视为一个危机四伏的过渡期，对孩子整体性格的转变意义重大。

青春期的确存在很多危险，但它并非真的能改变性格。青春期的本质，是为正在成长的孩子提供新情况和新考验，让孩子觉得自己正在走向社会。在这个过程中，他生活方式中那些未被觉察到的错误，有可能会浮出水面。但这些错误其实是一直存在的，如果身边有双充满经验的眼睛，或许早就发现了这些问题。而在青春期，这些问题会变得越来越紧迫，越来越不容忽视。

心理方面

几乎对每个孩子来说，青春期意味着一件高于一切的事：他必须要证明，他不再是个孩子了。我们会说服孩子，将此视为很自然的事，如果我们真的能做到这一点，就能极大缓解青春期剑拔弩张的紧张局面。但如果，孩子觉得有必要证明自己已经长大了，他就难免会过度强调这一点。

青春期的很多种表现，都是孩子们独立意识萌发的结果。他们渴望向世界宣扬，我是独立的，与成年人是平等的，我已成了男人或女人。青春期所呈现出来的各种表现形式，取决于这个孩子对“成年”的定义。如果“成年”对他来说意味着自由、不受约束，那么这个孩子将会极力反抗对他形成制约和管束的事物。比如，很多孩子在这个时候开始学会抽烟、说脏话、半夜三更才回家。有些孩子则史无前例地表现出对父母的反抗，而他们的父母则很迷惑，不知道一向乖巧听话的孩子，为何忽然变得如此不服管教。但这并非是态度上的变化。那些表现一向乖巧的孩子，也可能一直都在反对父母，只不过借着青春期将这种反对表达了出来。这个时候，他们有了更多自由和力量，觉得能够公开地宣布他们的敌对态度了。比如，一个男孩如果总是被他父亲打压，他在表面上会一直表现得很顺从听话，但其实，他一直在等待报复的机会。一旦他觉得自己足够强大，他就会向父亲下战书，打击对方，并尽可能疏远对方。

大多数情况下，孩子在青春期会获得更多自由和独立，父母不再觉得有权利时刻监管并保护孩子。而一旦父母依然按照过去那一套监督孩子，孩子就会想要摆脱他们的束缚。在这个阶段，父母越想向孩子证明“他还是个孩子”，孩子就越要力证“我已经长大了”。在这场斗争中，孩子内心的敌意会被激发，和父母势不两立，这就是我们常说的“青春期叛逆”。

生理方面

我们无法给青春期的跨度进行严格的界限划分。它通常从14岁开始，会大约持续至20岁，但也有的孩子在10岁或11岁时就进入青春期了。这段时间里，孩子身体的所有器官都在生长发育，并且，有时各种器官之间，会经历一个长期的协同合作。孩子们长得更高，手和脚长得更大。他们也许不像以前那么活跃灵巧了，他们需要不断训练身体的协调性，如果在这个过程中，他们被取笑或批评，他们就会认为自己很笨拙。如果一个孩子的动作被人嘲讽，他就会总是笨手笨脚。

内分泌腺对孩子的发育也有影响。青春期时，它们会更加活跃。但这不是突然发生的，内分泌腺甚至在婴儿期就开始发挥作用，只不过在青春期时，它们的分泌会越发旺盛，使第二性征出现明显的差异。男孩开始长胡须，变得粗声粗气；女孩的身材逐渐变得丰满，开始出现曲线，女性特征更明显。这些现象也会让一些青少年感到迷惑，甚至产生误解。

成年带来的挑战

有时，孩子会在成年之际，对即将到来的就业、社交、婚恋方面的问题感觉慌乱无措，这是因为，他对以后是否能应付这一切还没有任何信心。他会觉得很无助，认为自己没有能力处理好这些事。在社交方面，他或许会缺乏自信，变得内向，终日闭门不出；在就业方面，他或许会发现没有任何一份工作对自己有吸引力，害怕自己会一事无成；在爱情和婚姻方面，他或许会在和异性相处时感到尴尬，会脸红，会语无伦次，甚至因此害怕与异性交往。

极端情况下，孩子会一天天地陷入绝望之中，将自己完全封锁住，无法面对生命的三大任务，也无法获得别人的理解。他会开始回避与他人的眼神交流，不跟别人说话，也不听从别人的劝告；他会既不想工作，也不愿学习，整天活在幻想里；如果他感到生活乏善可陈，会用性行为给自己找乐子，让自己虚度光阴。而以上这些，也都是精神分裂的症状，这些症状完全是从一个人错误的经历中衍生出来的，如果我们能对这样的孩子进行鼓励，向他证明他目前的生活方式不是正确的路，并引导他找到一种更好的方式，他是可以被治愈的。然而这并非易事，他受到的所有教育都必须进行纠正，他对生活的认识、已经形成的态度、习惯和心理都必须逐一进行纠正。这意味着，他再也不能自以为是地看待一切，而是要从符合事物客观发展规律的角度，重新看待过去、现在以及未来的意义。

青春期的所有危险，都是因为孩子缺乏对应的能力和训练，没有做好准备去完成生命的三大任务。如果孩子对未来心怀恐惧，他们就会很自然地用最省力的方式解决问题，然而，这些轻松的方式对生活没有任何正面帮助。孩子受到的训斥、告诫和批评越多，就越会加深他的印象，让他觉得自己正站在深渊之前。我们越想推着他往前走，他越会试图往后退。当一个孩子还处于极度悲观、恐惧的时候，我们不能期待他去做出更多的努力。除非我们能够鼓励他，激发起他的自信和勇气，否则每一次对他的帮助，都会变成个错误，进一步摧毁他。

某些青春期问题

被溺爱的孩子

大部分问题少男少女，在过去都是被宠坏的孩子。他们习惯了父母的呵护备至，很容易把即将担负的成人之责，视为压力。他们幻想自己永远能处处受宠，但随着年龄的增长，他们会接触到家庭以外的环境，也会发现自己不再是关注中心，他们如同在温室里长大的花，忽然就被放置到了室外的刺骨寒冬中，他们会因此埋怨生活辜负了自己。

对童年的依恋

在青春期，还有些孩子希望自己不要长大，但为数不多。

他们甚至会拖着婴儿腔说话，嗲声嗲气，还会喜欢和小孩子玩，假装自己永远是幼童。但总的来说，大部分青春期中的孩子都会试着以成人的方式说话做事，如果他们不是真正的成熟勇敢，就会表现得像个蹩脚的小大人：男生们会模仿成年男人的动作，会喜欢大手大脚地花钱，会想要挑逗异性并开始谈恋爱。

青春期的越界行为

一些情况会更加棘手，比如一个男孩看不见生活的出路，但又仍然希望自己保持着外向和活跃的状态，他或许就会走上犯罪道路。如果他已经有过未被人发现的犯罪行为，他会认为自己足够聪明，他未来很可能因此成为失足青年。从事犯罪活动，是逃避生活问题，尤其是谋生问题的简单方式之一。因此，14 岁至 20 岁之间的违法人数会增加。但是，这并非是突然迸发出的现象，而是潜藏已久的问题，在压力之下被激发出来了，这些问题可以追溯到孩子们在童年生活中的错误。

神经症行为

个体逃避生活最简单的方式，就是成为神经症患者。在 14 至 20 岁之间，有些孩子开始出现功能失调疾病以及神经紊乱，但每种症状，都旨在既为逃避提供借口，又维护自我的优越感。当一个人面临社会生活的挑战，但又不想用合乎社会标准的方式去解决问题时，神经症的症状就会出现。社会生活的挑战会诱发心理压力，而在青春期，身体器官对压力的反应会格外敏感，所有的器官都处在紧张状态，整个神经系统都蓄势待发。这些不适感，很可能因此被人当成对失败的最佳解释，他会让自己和别人都相信，他的无法作为，纯粹是因为身不由己，是因为他正饱受痛苦的煎熬。这也正是神经症形成的过程。

每个神经症患者，都知道怎么能够表达出自己的良好意图。他非常清楚，每个人都应该具备社会感，应该勇敢地去解决生命的三大任务，但无奈自己情况特殊，得了神经症，所以不适用于这种普世性的要求。他的整个态度都想表达这么一个意思：“我迫切地想要解决我所有的生活问题，但不幸的是，我的病症让我心有余而力不足。”在这方面，神经症患者和罪犯采取的方式还不相同，罪犯通常没有什么社会感，会公然表达自己的不良居心，而神经症患者虽然并无恶意的动机，但他们的言行完全南辕北辙，这种虚伪非常令人生厌。

与预期不符

有的青春期的孩子，会出现很明显的退步和逆袭现象。大家都看好的孩子，学习开始退步，成绩变差；而那些曾被认为没有天分的孩子，则赶上了这些优秀孩子，并展现出令人不容置疑的能力，后来者居上。这看似反常，实际上并不违背他们从前的历史。

青春期时，一个非常有前途的孩子或许会开始担心，担心自己会辜负人们的期望。以前，只要他得些帮助或赞赏，他就会继续前进，但如今到了需要他独立自主的时候，他就失去了勇气。与此同时，一些孩子到家庭以外的自由天地后，却受到了激励，感觉这是发挥他们自己的机会。他们清晰地看见，实现抱负的道路就摆在面前，他们的脑袋里装满了新主意和新计划。他们的创造力喷薄而出，对世界的兴趣也变得更加强烈。这类孩子一直保持着对生活的勇气，对他们来说，独立和自由，意味着有机会取得成就和做出贡献，而非困难和失败的危险。

寻求赞赏和认可

那些在童年时期感到被无视的孩子，当他们能和更多人建立关系后，便会开始渴望被他人赏识。他们中的许多人，完全被这种渴望被赏识的心理捆绑了。如果一个男孩一心寻求赞美，这是很危险的；而如果女孩因为自信心不足，认为他人的欣赏是证明自己价值的唯一途径，这样的女孩会很容易成为献媚男眼中的理想猎物。我发现，越是在家里得不到重视的女孩，越会较早开始性行为，她们这么做，不仅仅是为了证明自己是成年人，更是因为希望通过这种虚荣的方式赢得赏识，成为被关注的中心。

举个例子来说，一位 15 岁的女孩，她家境贫困，还有个体弱多病的哥哥，当这个女孩出生时，母亲一直无法给予她太多照料。不仅哥哥吸引了母亲的注意力，在她出生不久，父亲也病倒了，这进一步减少了母亲花在她身上的时间。

这个女孩因此格外渴望被人照顾，这成了她一直以来的夙愿，但在家里，她无法实现这个愿望。后来，家里又添了一个妹妹，而这时候，她的父亲康复了，母亲终于可以好好照顾新降生的宝宝。如此一来，这个女孩会感觉自己是家里唯一没人疼爱的人。她一直很努力，在家里是好孩子，在学校是优等生。因为她的优秀，大家都建议她应该继续上学。

她被送进了一所高中学校，那里的老师对她过去一无所知。起初，她不太适应新学校的教学方法，学习成绩开始下滑，老师批评了她，她因此渐渐变得灰心丧气。她太渴望得到赞赏了，如果她在学校和家里都得不到赏识，那她还剩下什么?

她开始环顾四周，寻找能够欣赏她的男人。几次尝试后，她离家出走，并和一个男人在一起住了两周。她的家人非常担心她的安全，四处寻找她，接下来的剧情其实并不少见，她很快就发现，她并不是那个男人的唯一，因此开始后悔自己做下的事。

她想到了自杀，并给家里寄了张字条:“不要担心。我服毒了。我很开心。”事实上，她并未服毒，她希望这样做能招来家人的同情和谅解。结果就是，她没有自杀，而是一直等到她母亲来找她，并将她带回家。如果这个女孩懂得我们所说的知识，明白自己所做的一切就是为了被人疼爱珍惜，这些问题就不会出现了。如果那位高中老师也知道这些知识，发现这个女孩从前的学习成绩一直都是优，并发现女孩对学习成绩很敏感，那么老师能稍微给女孩一些耐心和鼓励，也就可以预防这些事情的发生。

在另一个案例中，有一个女孩，出生于父母性格都很懦弱的家庭。她母亲总是想要个男孩，对女孩的出生感到很失望。母亲对女性自身的轻视，女儿自然也会感觉到，她不止一次听见母亲对她父亲说："这女孩一点也不好看，长大后没人会喜欢她。"或"她大了后我们该拿她怎么办？"就这样，她在这种荼毒心灵的环境中生活了10年。某天，她发现了一封她母亲写给朋友的信，安慰对方说不要因为生个女儿而泄气，说对方还年轻，还有机会能再生个男孩。

我们可以想象，女孩看到信后的感受。几个月后，她去了乡下一个叔叔家，在那儿认识了一个弱智的乡村男孩，并当了他的女友。后来男孩离开了她，她却仍然在这样的行为模式下走了很远，等我见到她的时候，她已经交往过一堆男朋友了，但没有一份恋爱关系让她觉得自己是被珍惜的。她来找我，是因为她患上了焦虑性神经症，无法独自出门。因为从前那种从男性身上寻求珍惜安慰的方式，实在收效甚微，她于是转而寻求另外一种方式，她开始用她的各种痛苦折磨家人。当她任性起来，任何人也拿她没办法；她哭闹，扬言要自杀，把家里搞得鸡犬不宁。而要想让她意识到自己的情况，意识到她在青春期中过度重视了人们的态度，则需要我们做出艰难的心理辅导。

性别意识和性意识

青春期的男孩和女孩，经常高估并夸大性关系的重要性。他们希望能证明自己已经长大，但他们使用的方法却很没原则。比如，一个女孩和母亲吵架，认为自己被高压管制，作为抗议，她会与她遇见的任何男人发生性关系。她丝毫不在意她母亲是否知晓此事，事实上，如果她能让母亲感到不好过，她会非常高兴。我经常发现，女孩和母亲或父亲大吵一架后，常会跑出家门，游荡在街上，不管遇见的是什么男人，就随意和他发生性关系。这些女孩平日里总会是被人视为好女孩，家教良好，没人会将这类事和她们联系到一起。这些女孩是无辜的，她们只是从小养成了错误的思想，觉得自己地位卑微，受家里牵制，而这是她们认为自己能够获得优越感的唯一方法。

男性钦羡

很多被宠坏的女孩发现很难适应自己的女性角色。我们的文化总是让人觉得男尊女卑，因此，一些女性不想做女人。这些女性所展示出的，就是我称之为“男性钦羡”的行为。男性钦羡，有多种行为表现方式。有时候，我们会看见女性对男性的反感和回避；有时候，她们不反感男性，但和男性在一起时依然会觉得不自在，无法和他们交流，而且对和性有关的话题感到极不舒服；有时候，她们坚持晚婚，却从不主动接近男性，不想寻找自己的结婚对象。

我发现，青春期的女孩通常会更积极地表达对女性角色的反感，她们的行为会比以前更加男性化。她们希望像男孩那样，以为模仿男孩更简单的方法，就是模仿他们的恶习，比如抽烟喝酒、说脏话、加入社会团伙、随便发生性关系。她们通常会解释说，如果她们表现得娇滴滴，男孩不会愿意接近自己。

如果任由自己身为女性的厌恶感继续发展下去，则可能表现出性欲倒错或从事卖淫。很多性工作者在很小的时候，就坚信没人喜欢自己。她们认为自己天生卑贱，永远无法赢得任何男人的真爱或兴趣。在这种情况下，她们会想尽办法糟蹋自己，会鄙视自己的女性角色，将其视为赚钱手段。而这种对自身女性角色的厌恶，并非始于青春期，而是从这些女孩的童年就开始了，只不过在当年，她没有需求也没有机会去表达对自身性别的不满。

并非只有女孩才会有“男性倾慕钦羡”行为。所有高估男性价值的孩子，都会视男性形象为理想形象。我们的文化对男性过于重视，这种文化下，女孩会觉得自己不够好、没价值，而男孩则担心自己无法成为人们认可的真男人，尤其是对青春期的男孩，会造成一种心理障碍，他们会害怕自己与理想形象差距太大。

在孩子两岁时，就应该让他们意识到自己的性别。而有些孩子在几岁的时候，还不确信自己的性别角色，甚至于，很多孩子会半信半疑地以为，自己到了一定年龄，性别会在某天突然发生变化。这样的后果就是，一个看起来像女孩的男孩，通常会经历特殊的困难时刻。陌生人有时会误会他的性别，甚至家里的亲戚也对他说："你真应该是个女孩。"这样的男孩可能会将自己的外貌视为缺陷，并会给婚恋问题带来严峻的考验。男孩如果不确定自己能很好地胜任男性角色，会在青春期倾向于模仿女孩，变得非常女性化，甚至学习那些被骄纵坏了的女孩，开始爱慕虚荣、卖弄风情、任性随意。

性心理成长发育时间

一个人对待异性的态度，在生命的头四五年中就已经扎根了。早在婴儿期的头几周，性本能就会明显显现，但在孩子还没有成熟到能够进行合理的性表达之前，要避免去做任何能激发其性本能的事。如果婴儿没受到刺激，性本能的所有表现都是自然的状态，我们无须大惊小怪。比如，如果我们看见 1 岁的婴儿探索或抚摸自己的身体，我们不应该害怕，但我们应该和婴儿合作，让他对自己身体的兴趣少一些，对周围环境的兴趣多一些。

但如果婴幼儿试图自我满足的尝试无法被阻止时，这又是另外一回事了。这时我们能确定的是，这是孩子自己的意图；他并非是受到性本能的驱使去这样做，他有自己的目的。通常来说，婴幼儿的目的就是为了获得关注，他们能觉察到父母的害怕和恐惧，而如果这样的习惯并不能帮他们获得任何关注，他们就会放弃。

我说过，孩子不应该受到身体上的刺激，对孩子的抚摸一定要慎重而为。父母通常无比喜爱自己的孩子，而孩子也喜爱自己的父母，为了增加亲密感，父母总喜欢拥抱孩子，亲吻孩子。父母这样做并非不好，但一定要注意方式方法，要适度，不要激发起孩子的生理反应。另外，一些孩子甚至成年人在回忆他们的儿童时期时，总会说到，当他们发现父亲书房里的露骨书籍或色情电影时，他们的身体出现的冲动感觉。所以，最好别让孩子看见这类图书或电影，如果我们能避免激发孩子这些感觉，将来就不会出现这方面的问题。

还有，不要给孩子提供不必要和不恰当的性知识。很多成年人似乎对传播性知识有着巨大的热情，极度担心孩子会在无知中长大。但最好等到孩子有了自发的好奇心，渴望获取性知识时，再告诉他们也为时不晚。如果父母对孩子体贴且关心，即使孩子不说出来，他们也会觉察到并理解孩子的好奇心。如果孩子觉得父母是可以信赖的朋友，他们将会问父母有关知识，父母也应该以孩子能理解的方式，来回答孩子的问题。

还有，父母也应该尽量在孩子面前避免过度流露出对彼此的感情。如果可能，孩子不应该和父母睡在一间卧室，更应该避免睡在同一张床上。男孩和女孩应该有各自的卧室，最好不要让男孩和女孩分享同一卧室。父母应该密切关注孩子的生长发展，如果不知晓孩子的性格以及生长发展程度，父母将不会知道孩子们受到了何种因素的影响。

对青春期的期望

人生的各种阶段，常被赋予了高度的意义，并被认为是人生的转折点，这几乎是种普遍的迷信。比如，青春期常被认为是非常特殊和奇怪的人生阶段，更年期亦是如此。然而，这些阶段并不会带来翻天覆地的变化，它们仅仅是生命在持续发展的正常表现，由此呈现的现象，也并没有什么至关重要的意义。重要的，是个体对这个阶段所持的心理期待，个体赋予这一阶段的意义，以及个体训练自己面对这个阶段的方式。

孩子们常在青春期出现时十分震惊，感觉就像活见鬼。如果我们正确地理解了他们的这种反应，我们应该能明白，孩子们对青春期的生理变化并不感到十分困惑，他们之所以出现心理震荡，是因为社会要求他们对自己的生活方式做出新的调整。青春期的问题，通常在于孩子们认为随着青春期的到来，很多有价值的事情都消失了。正是因为这种感受，才制造出了举步维艰的青春期。

如果一个孩子受到的训练，足以让他觉得自己是平等的社会成员，应该对社会做出贡献，且能够视异性为平等的伙伴，那么青春期对他而言，就是一个机会，让他开始创造性地独立解决生命的三大任务。如果，他认为自己不如别人，对自己的处境持错误观点，他就还没做好在青春期去拥抱独立和自由的准备。如果，这时候有人在他身边强迫和监督他去做某些事，他可以很好完成，但如果他是自己独自面对一切，他就会犹豫不决，最终失败。这种孩子适合被人安排和指挥，一旦到了独立自由的环境下，他就会迷失。

犯罪和预防

What Life Could Mean to You

第九章

了解犯罪心理

因为个体心理学，我们认识到人类的类型形形色色，也认识到即便如此，每个个体之间的差异却并非那么显著。我们如此不同，又如此相同。我们发现，罪犯和问题儿童、神经症患者、精神病患者、自杀者、酗酒者以及性欲倒错者等有着相同的失败之处。他们的失败，都表现在无法解决生命的三大任务上，他们都缺乏社会感，对社会失去了兴趣，并且对他人冷漠。但是，我们不能因此就将他们从人群中单独划分出来，因为没有任何一个人具有完美的合作精神与完全无私的社会感。罪犯的缺陷，只不过是人类共有缺陷的极端表现形式。

人类对优越感的追求

要了解犯罪分子，最重要的一点是：我们都希望克服困难，排除困境，我们都在追求一个能够让我们感到优越、强壮、圆满的目标。在这一点上，罪犯和我们没有什么不同。我们都在努力实现着关于未来的目标，目标一旦实现，会让我们倍感强大、优越以及自我的完整。这种人性倾向被非常恰当地称为“对安全感的追求”，也有人将这称作“为自我保全而做的奋斗”。无论如何命名，我们都会发现，人类终身都在遵循着追求优越这一伟大的行动路线，我们的奋斗，都是为了从卑微升至优越，从失败升至成功，从底层升至上层。这种奋斗始于儿童时代早期，一直持续到生命终结。

生命，意味着在克服障碍与苦难后，能继续存在于这个星球上。因此，当我们在罪犯身上发现完全一样的倾向时，不应该为此吃惊。罪犯的所有的行为和态度，都在表明他在努力获得优越地位，克服困难和障碍。他和我们的不同之处，并不在于他的努力动机，而是他选择的途径。一旦我们明白，他之所以没有走上正确的道路，是因为他没能理解在社会中生存的要求，没能关心自己的同类，我们就会发现他的行为也是非常容易解释的。

环境、遗传和改变

在这方面，一些人的观点和我并不一样。这些人认为，罪犯是人类的例外，和普通人完全不一样。比如，有些科学家断言，所有的罪犯都智力低下；有的人则极力强调遗传因素，相信一个罪犯天生就有犯罪基因，无法控制自己不去作恶；还有一些人认为罪犯冥顽不化，是环境造就的产物，一旦成为罪犯，终身都是罪犯。如今，很多证据都显示出这些观点的错误，而且，我们应该意识到，如果我们相信这些观点，我们就会失去解决犯罪问题的希望。犯罪是一种灾祸，想要消除这种人祸，就永远也不应该满足于用这种说法对犯罪问题进行解释——“这完全是遗传，做什么都没用。”

无论是后天环境，还是先天遗传，都没有强制性的作用。来自同一父母、生活在同一环境中的孩子，也会以不同的方式成长发展。有时候，一个罪犯会出现在一个无可指摘的家庭里；也有时候，在一个频繁进出监狱和劳教所、声名狼藉的家庭里，我们反而能看见有着良好性格和行为的孩子。也有一些罪犯在后来的生活中改过自新，连犯罪心理学家也解释不清楚，为什么一个窃贼在30岁以后突然就安定了下来，并成了一位好公民。如果犯罪是与生俱来的缺陷，或者是在童年的生活环境中潜移默化的，窃贼变良民的事实就超出了我们的理解范围。然而，从个体心理学的角度看，我们却能很好地理解这一转变。也许是因为，他的处境改善了，给他带来的压力变小了，或者得到了他过去想要的，继续犯罪已经毫无意义了；也许，是因为他变得又老又胖，关节僵硬，无法敏捷地登高爬梯，犯罪对他而言成了一件很有难度的事，他也因此不再适合做个罪犯。

童年的影响和生活方式

我们改造罪犯的唯一办法，就是找出在童年时期阻碍了他们学习合作的因素。在这片未知的黑暗领域，个体心理学投下了一道光。我们知道，在孩子长到 5 岁的时候，心理就已经成了一个整体，他人格的方方面面已经聚合到了一起，开始定型。遗传和环境对他的成长确实起到一定的影响，但关于此，我们本应关注的重点却并未被重视，比如孩子给世界带来了什么、他们遭遇了什么、他们如何理解和利用这些遭遇去实现目标。这些方面的调查尤为重要，因为我们对遗传能力的所及和所不能及不甚知晓。我们所需要重点考虑的，是环境具备的潜力，以及他能将潜力运用到何种程度。

对所有罪犯来说，犯罪的一个原因是，虽然自己有了一定的合作能力，但却并不足以满足生活的需要。在这一点上，父母要负首要责任。他们应该懂得，如何扩大孩子的兴趣范围，将孩子对他们的兴趣延展到对其他人的兴趣上去。父母的言谈举止，应该能让孩子对人类以及外面的生活产生兴趣。但也不排除，因为某些原因，比如婚姻不幸福，一些父母就是不想要孩子对任何人产生兴趣。他们也许有些意见分歧，也许他们在考虑离婚，也许他们妒忌对方，也许他们希望把孩子留在自己身边。总之他们的相同之处就是想要自己亲手照顾孩子，娇惯溺爱他，让他离不开自己。很显然，在这些情况下，孩子在合作方面的发展注定是会受限的。

社会兴趣的发展，和一个孩子对家里其他孩子的兴趣息息相关。如果，一个孩子是母亲最偏爱的，其他的孩子就不太愿意将他纳入他们的合作和关心范围中，当这种局面被这个孩子误解的时候，很可能成为其犯罪生涯的起点。如果，家里有一个孩子天分过人，那么和其年龄最相近的那个孩子，难免会感到自己被忽略了，为了吸引关注，他很可能成为问题孩子，而当自己因此受到惩罚后，他便会认定自己不被人爱，于是到处树敌。

当父母在孩子面前抱怨自己的烦闷与困境时，会对孩子的心理造成影响，阻碍他们社会兴趣的发展。如果父母总是在孩子面前说邻居或亲戚的坏话，总是批评他人并表现出对他人的反感和偏见，也会不利于孩子社会兴趣的发展。这样长大的孩子，很可能对他人也怀有这种扭曲的看法，而继续发展下去，有一天或许就会反对自己的父母。当社会兴趣的发展受到阻碍时，剩下的只有以自我为中心的态度了。孩子会认为："我为何要为他人做事？"受这种心态所限，他不能很好地解决生活中的问题，会犹豫逃避，试图寻找捷径摆脱困境。他会认为奋斗太艰难，生活就是战争，而在战争中一切都是合理的，包括伤害别人。

接下来，我会举几个例子，我们可以从中追溯出犯罪心理模式的发展过程。在一个家庭里，第二个儿子是个问题孩子，并且据我们所知，他很健康，没有任何遗传缺陷。家里的大儿子最受父母偏爱，这个弟弟就总是想要与哥哥一决高下，他把自己当成赛跑运动员，唯一目标就是超越前面的选手。这种状态下，他的社会兴趣没有得到发展，他非常依赖母亲，总是极尽所能地利用母亲。但他发现，和哥哥媲美是件困难的事，哥哥在学校班级里总是名列前茅，而他总是垫底。当发现这一点后，他的支配欲快速激增，他在家里开始经常向一个年长女仆发号施令，有时会指挥她绕着房子前进，像训练士兵一样让她做演习。这位女仆很疼爱他，把他当成自己的孩子，总配合他玩扮演游戏。

同时，他在必须去完成一件事的时候，变得越来越紧张，他开始逃避任何需要他去做的事。当他经济困难时，他总能从母亲那儿得到钱，虽然，他也因此受到了责备。

后来，他突然结婚了，他生活的窘境也随之升级。然而，他却为自己赶在哥哥前面结婚而感到沾沾自喜，认为这是个大胜利。可见，他对自己的评估真的很低——他希望在微不足道的小事中拔得头筹。因为他根本没做好走进婚姻的准备，所以他和妻子经常吵架。当他母亲无法再像以前那样帮衬他时，他依然订购了一批钢琴，然后将钢琴卖掉，却不支付这些钢琴的订购款，他因此被送进了监狱。

纵观他的经历，我们可以从他的童年早期，就窥见他后来的境遇。他在哥哥的阴影下长大，就像一株被大树阴影遮挡住的小树苗。他认为在和他天资过人的哥哥相比时，自己被忽略和轻视了。

我要举的另外一个例子，是一个 12 岁的女孩，她心高气盛，并且很受宠溺。她有一个妹妹，她很嫉妒这个妹妹，无论在家里或学校里，她都将妹妹视为对手。她总是搜集妹妹被偏爱的事件，比如得到更多糖果或零用钱。一天，她从一个同学口袋里偷钱，被发现后受到了惩罚。我向她解读了她的情况，将她从“不如妹妹”的执念中解放了出来。与此同时，我也向她的家人解释了整个情况，他们设法平息了她和妹妹的竞争，并避免给她留下妹妹更受人喜欢的印象。这件事发生在 20 年以前，这个女孩如今已经成为一位非常坦诚真实的女性，结了婚，并有了自己的孩子，再也没犯过任何重大的错误。

犯罪型人格的形成

在第一章中，我们已经探讨过不利于儿童发展的危险情况，现在我要就这一方面，再做个回顾，因为我们必须要重视这些情况，重视其对罪犯思想的影响，只有这样，我们才能真正地帮他们走向合作。

成长过程中，面对特殊困难的孩子有三种：一是有生理缺陷的孩子；二是被溺爱的孩子；三是被忽略的孩子。

通过研究那些我接触过的罪犯，以及在书中和报纸上读到的犯罪现象，我试图去勾勒出犯罪的人格结构，而且我发现，个体心理学的关键作用，就在于能让我们更好地理解犯罪的人格。以下，我将举几个例子做更进一步的说明。

（1）康拉德·K. 的案例：他在一个男人的协助下，杀死了自己的父亲。之前，他父亲不但漠视他，还对他很残忍，对家庭成员的态度也很恶劣。有次，这个男孩还手打了他，他就将孩子扭送到了法庭。法官说：“你有个恶劣又好斗的父亲，我也爱莫能助。”

家人试着调解父子间的矛盾，但没有效果。随后，父亲把一个放荡的女人带回家同居，将自己的儿子赶出了家门。这个男孩认识了一个干零活的工人，这个人特别喜欢弄瞎母鸡的眼睛。他建议这个男孩杀死自己的父亲。因为考虑到自己的母亲，男孩犹豫着没去做，但是家里的情况越来越糟糕。经过一番思想斗争后，这个男孩同意了，并在这个工人的帮助下杀死了自己的父亲。

在这个例子中，我们可以看见，他和母亲关系紧密，母亲在他心目中地位很高，但他甚至无法将自己的社会兴趣延展至自己的父亲。在他突破自己的道德壁垒前，他需要有人向他确认，他杀父的原因是情有可原的。他得到了工人的支持，于是鼓起勇气动手了，将自己对残暴行为的激情付诸实践。

（2）玛格丽特·斯万兹杰尔，人称“著名的投毒女”。她从小就被遗弃了，身材矮小，发育不全。因此，就如同个体心理学所分析的，对自己身体缺陷的认知激发了她强烈的虚荣心，她极度渴望吸引人们的关注，为此她无比周到有礼，有时近乎卑躬屈膝。

在多次和男子有过不伦交往后，她几乎陷入绝望，她三次试图毒死其他女人，想以此来占有她们的丈夫。她觉得属于她的东西被剥夺了，但又想不出其他方式“夺回她的东西”，她曾经假装怀孕，企图自杀，以挽回这些男人的心。在自传里，她下意识地写下了这些话：“每当我做了邪恶的事，我就想，既然没人为我感到悲伤难过，我又何必为了自己给他人带去悲伤难过而感到不安？”这些话，印证了个体心理学的观点。

在这些话里，我们可以看见，她是如何走向犯罪的，她是如何驱动自己去行动，并为自己找到借口的。我在建议人们建立合作并关注他们时，经常听到这样一句话：“但是，其他人却没有对我表现出任何兴趣啊。”我对此的回答总是：“总有人需要先伸出手。如果他人不和你合作，这不是你的事。我的建议是，你应该主动开始，不要在意他人是否合作。”

（3）NL，是长子，从小没受到很好的教养。他跛着一只脚将弟弟抚养长大，像父亲一样。这种如父如兄的关系满足了他的优越感目标，或许最初还给他带来过一些益处。然而，后来也许是由于骄纵和炫耀的欲望，他将自己的母亲赶出家门，逼她去讨饭，还骂她：“滚开，你这个老不死的女人。”

我们实在为这个男孩感到悲哀，他甚至对自己的母亲都不感兴趣。如果我们了解小时候的他，我们就可以看出他是如何朝着犯罪生涯发展的。他长期失业，也没钱，还染上了性病。一天，他外出找工作失败，在回家的路上，他杀了自己的弟弟，只是为了得到弟弟身上微薄的薪水。事情发展到这一步，我们可以看出他合作的一切意愿都破碎了——失业、没收入、染上性病。每个人都有一条合作的底线，这条底线被破坏了，就会感到绝望，并走向犯罪。

（4）一个自幼失去父母的孤儿，被一位女性收养，养母对他溺爱到极点，于是，他成了一个被宠坏的孩子。后来，他变得难以管教，不过他头脑聪明，有些商业天赋，与此同时，他总是试图出风头，事事都想要抢在前面。他的养母一直支持鼓励他，任由他摆布。他爱撒谎，变成了个骗子，想尽办法获取钱财。他的养父母属于地位不算太高的贵族阶层，但他总是装出一副慷慨的样子，败尽了他们的家产，并将他们赶出了他们自己的房子。

养而不教，溺爱有加惯坏了他，他不务正业，无法脚踏实地地工作和生活。他认为撒谎和欺骗能更快地解决生活问题，于是，每个人都成了他欺骗的对象。他的养母对他的好，胜过对自己的孩子和丈夫，正是这种待遇，让他觉得他理应得到一切，但从他不愿以正常手段获取成功的事实看，他对自己的能力并不自信。

犯罪、疯狂和怯弱

我必须要先声明一个观点，我不认为所有犯罪分子都是疯子。虽然确实存在一些犯了罪的精神病患者，但他们的性质完全不同。我们不能就其犯罪行为向他们问责：由于我们对他们的理解完全偏颇，因此也就无法采取正确方式对待他们，遭受不当对待的精神病患者犯下罪行应该不难理解。

同样，我们也不应该认为罪犯就是弱智的人，他们不过是充当被人利用的工具，真正的罪犯是背后策划一切的人。他们勾画了迷人的前景，激发了智力欠缺之人的幻想或雄心，然后他们自己藏在幕后，指使那些受骗者冒着被惩罚的风险，去实施犯罪。同理，涉世未深的年轻人被老奸巨猾、经验丰富的罪犯利用，也是同样的原理。经验丰富的罪犯制定犯罪计划，其他人则被教唆成了犯罪的实施者。

事实上，所有犯罪分子都是懦夫，他们逃避那些自己无法解决的问题。他们对待生活的态度以及犯罪方式都暴露出他们的懦弱，比如躲在暗处和偏僻之处来掩护自己；在被害人还没来得及做出反应之前，就先拔出武器偷袭对方。很多罪犯认为自己很勇敢，但我们不会认同这一点。犯罪，就是一种懦夫对英雄的拙劣模仿。他们追求的是虚幻的优越感目标，并且一厢情愿地以为自己是英雄，其实这必然是一种缺乏常识的错误认知。我们已经知道了他们是懦夫，如果让他们知道我们看透了其懦弱本质，他们会极度震惊。对他们来说，犯罪满足了他们的虚荣心，他们会认为自己比警察聪明，并为此感到骄傲不已，很多罪犯还会抱着这种心理：“我永远也不会被发现。”

不幸的是，对罪犯们的调查研究都揭示出了一点，那就是罪犯总是盲目乐观，即使被抓住，也会认为：“这次是因为我不够机灵，下次我一定会智胜他们。”一旦他真的逍遥法外，就会觉得自己简直登上了人生巅峰，会受到同伙的钦佩和赞赏。我们必须要改变罪犯对聪明和勇敢的错误认知，但什么时候可以改变他们呢？我们可以在家庭、学校和管教所中做到这一点，并且，在后面我会说到，应该从何处着手才能达到最佳的效果。

犯罪类型

罪犯分为两种类型。一种类型的罪犯，是虽然知道世界上存在合作关系这回事，自己却从未体验过它。这类罪犯会认为自己被排挤、不受赏识，因此一直对其他人持有敌意，表情充满戒备，在他的经历中，从未感觉到过被人珍惜的滋味。另一种类型的罪犯，是被宠坏的孩子。在他们的自我供述中，他们会坚称："我之所以走上犯罪道路，都是因为我母亲太惯着我了。"从各方面来说，这类罪犯在成长的过程中，都没有受到过程度恰当的合作训练。

很多父母都希望孩子成为一个有用的人，但他们不知道如何才能实现这一点。如果父母专制而严厉，他们就不会成功培养出好孩子；如果他们溺爱孩子，让孩子占据家庭舞台的中心，孩子也就养成这种心态——自己的存在，就足以说明自己的重要性，除此以外，不需要做出任何有建设性的努力来获得别人的好评。因此，这样的孩子也失去了奋斗的能力，他们总是想着引人注意，总是期待他人为他们付出，并会在找不到自我满足的捷径时，转而去责怪其他人。

一些案例史

现在，我们来探寻一些真实的案例，看看我们是否可以印证以上这些观点。第一个故事，来自谢尔登和埃莉诺 T. 格卢克合著的《500 种犯罪生涯》，主角叫作“顽固大盗约翰”。这个男孩讲述了他的犯罪生涯：

“我从来没想到过，我会自暴自弃。15 或 16 岁之前，我和其他孩子没什么差别，我喜欢运动，喜欢参加体育活动，我从图书馆借书看，生活很有规律。突然有一天，一切都变了，我父母让我退学去工作，而我工作后，他们拿走了我几乎所有的薪水，每周只给我 50 美分。”

可以看到，他是在进行指控。到这里，我们并不知道他和父母的关系，也不知道他的家庭情况，我们只能从他的这段经历中，判断他的父母没有与他建立起良好的合作。

“我工作了大约 1 年的时候，我认识了一个女孩，我很喜欢她，不过，她很喜欢享乐。”

我们经常在罪犯的经历中看到这类现象：他们将感情寄托在生活奢侈的女孩身上。然而，这也在考验着一个人的合作能力所能达到的程度。他和一个喜欢享受的女孩子在一起，可他每周只有 50 美分。钱，并不是解决爱情问题的唯一方法，毕竟，不是所有女孩都是这种类型，但他偏偏在自己拮据的情况下，依然选择了这种女孩，走上了一条错误的路。在这些情况下，很多人也许会说：“如果她是个只想着享受的女孩，那她就不适合我。”这和这个故事的主角是两种截然不同的价值观。

“你知道的，一周 50 美分根本不能让你带一个女孩去好好享受，甚至在这个小镇上都做不到。我老爸又不肯给我更多钱，这让我很痛苦，就总是想：我怎样才能挣更多的钱？”

常识会告诉他：“也许你应该多找些工作，去赚更多的钱。”但他想快速挣钱，而且，他找女朋友的目的是为了让自己享乐，所以不会为此让自己辛苦的。

“一天我遇见了一个人，很快就和他熟悉了起来。”

当生活里出现了一个陌生人，这是对他的另一个考验。一个有着不错合作能力的男孩，是不会轻易受陌生人诱惑的。这个新认识的男孩干的事并非正道，他引诱着男主角走上了邪路。

“这家伙是个老手，是个聪明能干的家伙，对偷盗很有经验，而且分赃公平，不会让我吃亏。我们一起在这镇上做了很多次，从未失手，从那以后我就一直干下去了。”

这时我们已经知道，他父母拥有自己的房子，他父亲是一家工厂的小领导，家里的生活是可以勉强维持的。这家有 3 个孩子，在故事的主角走上邪路之前，家里的任何成员都没有犯罪前科。我有些好奇，很想知道那些相信遗传论的科学家们会如何解释。

15 岁时，我们的主角就和异性发生了关系。有些人或许认为他太纵欲，但这个男孩对自己以外的人没有兴趣，他只是为了让自己高兴，为了在这方面获得赞赏——他想要成为一个最佳情人。

16 岁时，他和同伙因为入室盗窃而被捕。他案卷中的细节，也印证了我们前面的推测。我们发现，他喜欢那种特别招摇的装扮，比如，他会头戴一顶大宽边帽子，脖系红色印花方巾，皮带里插把枪，把自己装扮得像西部匪徒。他出手大方，很讨女孩子喜欢。这表现了他虚荣的一面，他希望自己看起来像个英雄，于是只能从装扮上下手。

他承认了自己的犯罪行为，甚至主动供认了一些警方还不知道的信息。他偷走了别人的财产，但他并不为此愧疚。

“我觉得活着没什么意义。对人性，我无比蔑视。”他说。

所有这些，其实都反映出了他的潜意识。这些想法很一致，并且指向同一个方向，但他自己却并没意识到。在他看来，生活就是负担，但他不明白自己为什么这么想。

“我早就知道不能信任别人，但我也听说盗亦有道，同伙之间不会相斗，但事实不是这样的。我以前有个同伙，我对他非常讲义气，但他对我下了黑手。”

“如果我能有很多钱，我一定也会和其他人一样诚实。如果我有很多钱，我就不用那么辛苦，也可以随心所欲地过日子了。我不喜欢工作，我恨工作，我以后永远也不会去工作。”

我们可以将他最后这段话诠释为：“是精神上的压抑逼着我走上了犯罪道路，我满足不了自己的愿望，过不上自己想要的生活，没办法，只能成为一个罪犯。”

他还说:“我从来没有为了偷东西而去偷东西。当然，开着车去到某个地方，然后冒险下手，再设法脱身，这让我觉得挺刺激。”

他一直认为自己是个英雄，但他的行为，其实是典型的懦夫。

“以前有一次，我被抓时手上有价值一万四千美元的首饰，我为了去找女人，于是换了一些现金，然后就因此被抓了，这事真有些蠢。”

这类人很舍得在女孩身上花钱，以此获得成就感，他们认为这代表着自己在性上取得了胜利。

“监狱里有学校，我会尽可能地去学习，学各种东西。但我可不是为了洗心革面，而是为了以后更好地犯罪。”

这些话，表达了他对人类的极度仇恨。所以，他对于生命的延续也充满厌恶:“如果我有个儿子，我一定会拧断他的脖子。把一个生命带到这世界上来，才是最大的犯罪。”

我们该怎样改变这样的一个人呢?除了提高他的合作能力，并向他指出错误的生活观外，别无他法。我们要去追溯，看他在童年时期是怎么形成了错误的认知，这才能让他信服。然而，在之前这些描述中，没有我认为至关重要、能说明他的问题根源的信息。他小时候一定发生过什么，才让他如此憎恨人类。如果让我推测的话，我认为他应该是家里的长子，一度也是父母唯一的宝贝，后来，因为家里又添了孩子，他觉得自己被赶下了宝座。如果我的猜测是对的，你将会发现，很多小事也能成为阻碍合作能力发展的原因。

约翰接着说道，他在收治自己的那家少年犯教养院里，受到了粗暴的对待，当他离开时，心里充满了对社会的憎恨。在这一点上我必须指出，从心理学家的角度来讲，监狱里所有残酷的待遇，对犯人来说都是个挑战。罪犯会把这当成一场较量，就好像当罪犯听到“我们必须严厉打击犯罪行为”时，会将此视为挑战一样。他们想做英雄，他们很乐意看到社会对他们下达战书，他们将这当成挑战：是社会在挑衅我，我一定要和社会抗战到底。如果一个人认为，自己是在和全世界抗争，那么，就不会有什么挑战能比这场抗争更加刺激。

在管教所里，很多措施都是为了震慑犯罪，挑战他们的心理防线，这是个非常错误的方法。而在教育问题孩子时，很多家长也都犯过这种错，“我们看谁耗得过谁，看谁坚持的时间最长。”这是大错特错的方式。这样管教出来的孩子，会有着和罪犯一样的心理，会陶醉于成为厉害的角色，会认为，只要自己足够聪明，就一定能逃过制裁。

现在我们来看一个因为谋杀而被处以绞刑的罪犯的日记。在他残忍地杀死两个人之前，他写下了自己的谋杀动机。而这也给了我一个机会，来描述罪犯是如何制定犯罪计划的。

没人能毫无预谋地作奸犯科，在预谋阶段，罪犯总会为自己接下来的犯罪进行辩解。在所有的口供笔录材料里，我从未发现一个只是简单明了地交代犯罪事实而不为自己的罪行找理由的例子。

而这也说明了，一个人具备社会感的重要性。即便是罪犯，也必须要努力协调自己所做之事和自己的社会感之间的冲突。在这种心理挣扎过程中，他必须要在犯罪之前做好心理准备，先消灭自己内心残存的社会感，并突破社会兴趣的制约。所以，在陀思妥耶夫斯基的书里，拉斯科尔尼科夫才会在床上躺了足足两个月，考虑自己是否该去犯罪，他用这句话给自己鼓劲："我是拿破仑，还是个孬种？！"罪犯们也喜欢自欺欺人，用各种想象去给自己打气，但事实上，每个罪犯都知道自己的生活方式是错误的，也知道正确的生活方式是什么样。然而，他们内心的懦弱，让他们拒绝接受这一事实。之所以懦弱，是因为他们认定自己没能力成为有用的人——生命的三大任务都需要合作才能解决，而他没有受到过合作能力的训练。在生活中，罪犯想要减轻心理压力，就会像我们提到的那样，努力为自己辩解，让所有事情都变得情有可原。

下面，是从这位杀人犯日记里摘抄出来的片段：

"我被自己的家人抛弃，成了被厌恶、蔑视的对象（他天生就有鼻子方面的疾病），我的痛苦如此深重，几乎要把我压垮。没什么能阻止我了，我忍无可忍了。被人抛弃，我忍着，但是饥饿这事，我忍不了。"

他在制造他的"情有可原"，在为自己找借口。

"有人预言我会死在绞刑架上，但是我想：'饿死还是绞死，对我有什么区别？'"

在另一个案例中，也有过类似的情节，一位母亲提起孩子的将来时，对孩子说，“我相信你早晚会掐死我。”当孩子17岁的时候，他掐死了自己的姨妈。这看起来是预言成真，实际上是他在对母亲进行挑战。

杀人犯还写道：“我不在乎会有什么后果，反正我会死。我什么也不是，没人在意我，我喜欢的女孩也从不愿靠近我。”

他想要吸引女孩，但他既没有时髦的衣服也没有钱。他对恋爱和结婚的看法，就是将女孩当成一个物件。

“拯救还是毁灭，对我来说都一样，天堂还是地狱，我哪里都敢去。”

这些人很喜欢走极端、搞对立。不是想拥有一切，就是干脆什么都不要，所以他们总会在“饿死或绞死”“拯救或毁灭”中选择。

“一切都计划好了，就等着星期四下手。倒霉鬼也选好了，我只需要等待机会。当这一时刻到来的时候，我肯定马上出手，这可不是一般人能做到的事。”

在他的眼中，自己是个英雄：“这是件可怕之事，不是每个人都能做到的！”他拿起刀，埋伏起来，偷袭并杀死了一个男人。

“就像牧羊人驱赶他的羊群一样，饥饿会驱使人们去犯下最恶劣的罪行。没有什么事比遭受饥饿的折磨更糟的了。我因这种折磨而痛苦，不过，当他们对我进行审判的时候，我的痛苦就终结了。一个人必须为自己的罪付出代价，但是这种死法总比饿死强。如果我饿死了，没人会注意到我，但是现在，很多人将会到场看着我死，也许有人还会为我难过。我决心已定，我一定做到。今夜的我，内心不再恐惧。”

看，他根本就不是个英雄，根本就不像他自己相信的那样。在审问中，他曾说：“虽然我没直接伤害他的致命之处，但我杀了他。我知道，我注定会死在刽子手的手下，但是，那个男人穿的衣服那么好，我这辈子都不会有那么好的衣服。”他不再说饥饿是他杀人的理由了，现在衣服倒成了主要动机。“我不知道我在做什么。”他辩解说。

很多案件中，我们都能看到类似的情况，他们总是有这样或那样的借口。有时罪犯在犯罪前还会特意喝酒，以便推卸责任，而这些都证明，他们极力想要挣脱社会的道德壁垒。在对每一个罪犯的犯罪生涯的描述中，都能看到我所提出的观点。

合作的重要性

每一个罪犯，甚至每一个人，都在追求着某种胜利，实现着某种终极优越的地位。然而，在这些目标中，存在着明显的差异性和多样性，而且我们发现，一个罪犯追求的目标，总是为了获得个人优越感。他所追求的，对他人毫无益处，他不是一个能和人合作或分享的人。而社会对每位社会成员的要求，以及我们对其他人的要求，是对共同利益的贡献和合作。一个罪犯的目标中并不包括对社会做出贡献，这也是每个罪犯在其一生中非常重要的特质，我们可以看到，这带来了怎样的后果。在这里，我要明确指出的是，如果想要了解一个罪犯，最关键的一点，就在于看他合作的程度。

罪犯的合作能力各有不同，有些罪犯的合作能力没有其他罪犯那么糟糕，因此，有些罪犯只做些小恶，基本不会超出这个范畴。而有些罪犯则喜欢做大恶。罪犯也分为带头人以及从犯，为了更详细地了解他们的犯罪生涯，我们需要进一步研究个体的生活方式。

人格、生活方式和生命的三大任务

一个人的生活方式，其实很早就建立起来了，其主要特征早在四五岁的时候就可见端倪。因此，改变生活方式是件困难的事。生活方式是一个人的人格写照，只有理解他在构建生活方式的过程中，犯过什么错误，为什么会犯，这种生活方式才能被改变。如此我们就能明白，为何很多罪犯受到过很多次法律制裁，被人唾弃和鄙夷，被剥夺了一切社会生活的权利，但他们仍然没能改邪归正，而是成了惯犯。

促使他们铤而走险的，并非经济困难。当然，贫穷确实会带来额外的负担，激化犯罪的现象，比如就有数据表明，小麦价格走高时犯罪数量通常也在增加。然而，这并不代表两者之间有着必然的因果关系，而是证明了人类行为也会受到各种条件的制约。当到达自己合作能力的极限时，人会放弃合作，转向犯罪活动。当很多人处于有利位置时，不会成为罪犯，但如果出现了一个让他们措手不及的打击，他们也会铤而走险。一个人面对问题时的解决方法，也就是这个人的生活方式。

有了这些个体心理学的研究做基础，我们可以得出一个明确的结论：罪犯，都是对他人不感兴趣的人。罪犯只能在一定程度上进行合作，一旦到了他合作能力的最大值，比如遇到对他来说很棘手的问题时，他的合作能力就会马上丧失，他会毅然选择犯罪。而生命的三大任务，就属于罪犯难以解决的问题。由此我们可以说，只要一个人能对他人感兴趣，能关心他人的利益，他所有的社会问题都可以得到解决。

个体心理学教会了我们将生命的任务划分为三大类。首先，是人际关系问题，即和社会其他成员的关系问题。有的罪犯也有朋友，但都是和他们气味相投的朋友，他们会组成帮派，甚至会表现出对彼此的忠诚。他们实际上是有意缩小了自己的活动范围，他们的交际圈很窄，无法和普通的正常人成为朋友。有时候，他们就像是置身于异国他乡的陌生人，不知道如何和其他人轻松、正常地交往。

第二类问题，是和职业有关的问题。大部分罪犯在被问到工作状况时，会这样回答："你们没办法想象，我的工作条件有多差。"他们普遍认为工作太辛苦，普遍不愿像其他人那样去克服这些困难。一份有价值的职业，意味着要造福他人，这正是我们在犯罪的人格里看不见的。合作精神的缺乏，会很早就在罪犯身上显示出来，可以说，大部分罪犯从未准备好去面对职业的问题。很多罪犯都是没有受到培训、没有职业技能的人，如果你追溯他们的历史，会发现他们在学校时，甚至还没上学之前，就遇到了成长的障碍，他们的兴趣无法发展，也没学过如何与人合作或分享。而合作能力必须要经过教导和训练才会具备，但罪犯大多没有过这样的培训。所以，如果他们在职业方面失败，我们不能单纯责怪他们不努力，毕竟他们没有经历过合作能力和职业能力的培训，表现自然不会和常人一样。这就好比去测试一个从未学习某类知识的人，我们不能责怪他的答案不正确。

第三类问题，则包括所有和婚恋有关的问题。美好而和谐的两性关系，同样需要对彼此充满兴趣，而且能互相合作。在被送到管教所的罪犯中，有一半的人患有性病，这一点很能解释问题，说明他们在用最简单的方法解读两性关系。他们把异性当成一个物品，认为钱可以买到爱，而性生活对他们来说，就是购买到的商品，是他们可以占有或征服的一样东西，而非亲密的伙伴关系。很多罪犯会说："如果我没有得到我想要的一切，活着有什么用？"

现在我们不难看出，**想要着手来改造罪犯，我们就需要训练他们的合作能力。仅将他们关押在管教所，是不会改变他们的，在不改变他们合作状态的情况下，就让他们重获自由，只会对社会造成更大的危害。**我们要消除犯罪行为，但只是这样还不够，我们必须要思考："我们该如何对待一个没有为社会生活做好准备的人？”

在生命的三大任务上缺乏合作能力，不是个小缺陷。人类时刻都需要合作，而合作能力的高低，就表现在听、说、看的方式上，而罪犯听、说、看的方式总会异于常人。当我们说话时，我们会试图让每个人都能理解我们说的话，而达成这一目标的前提是，我们对于自己所用语言的理解，和其他人的理解是一致的。但是罪犯就不一样了，他们有着自己的语言逻辑和表达思维，而且会尤其表现在他们解释自己罪行的方式上。他们并非愚蠢或智力低下，他们很懂得自圆其说，对自己行为所做的结论全都符合自己的逻辑。

一个罪犯也许会说：“我看到一个男人穿着好看的裤子，而我没有，所以我就杀了他。”这时，如果我们跟随他的思路，认同他的社会观，我们便会发现，他的行为是理由充分的。不过，他的结论虽然有逻辑，却有违大众常识。匈牙利曾发生过一起案件。几个女性因为投毒而被诉谋杀。其中一个罪犯在入狱时说：“我的儿子身体不好，又游手好闲，我不得不毒死他。”她有认知能力，但她看待事物的方式不同常人，当她觉得无法合作的时候，就会用其他极端的方式解决问题。由此我们也能推断出，如果罪犯看见了感兴趣的东西，并且想占为己有，他们就会从这个他们并不喜爱甚至充满“敌意”的世界中去争夺。他们有着错误的世界观，而且对于自己和他人的意义与作用，也有着错误的估量。

合作能力的早期发展影响

接下来，我想进一步列举会发生合作失败的几类情景。

家庭环境

在家庭这个环境中，我们会先从父母身上找原因。也许，母亲欠缺教育孩子的技巧，不能引导孩子和她合作；她或许觉得自己什么都行，不需要他人插手帮忙；或者她本人也不具备合作能力，无法和他人合作。这种情况很容易出现在不幸的婚姻中，在这种婚姻里，孩子的合作精神没有得到很好的培养。通常来说，孩子会先和母亲建立感情纽带，但如果母亲将孩子视为私有财产，就有可能阻止孩子扩大社会兴趣，不让他对自己的父亲、兄弟姐妹或其他人产生兴趣。

也可能，孩子曾经觉得自己是家里的中心，但当他三四岁的时候，随着另一个孩子的出生，他觉得自己遭遇了重创，被人突然赶下了场，这时，他会拒绝和母亲或新生的孩子合作。如果我们追溯一个罪犯的人生经历，我们总能发现，很多问题在他早期的家庭生活中就已经出现了。孩子出现问题，不一定代表环境不好，而是因为他对自身的定位存在误解，并且身边的人没能开导他，没帮他消除错误的认知。

如果家里有一个孩子格外出众，这对其他孩子来说就是一种挑战。这个孩子获得了最多的关注，其他孩子会觉得很受挫。这些孩子很可能不会和人合作，因为他们总是处于竞争状态，但同时又没有足够的自信。我们经常看见，很多孩子因此失去了发展自身能力的机会，他们的成长贯穿着不快乐。而罪犯、神经症患者和自杀者，大都出现在这些孩子之中。

当缺乏合作能力的孩子进入学校后，会通过各种行为表现出这一缺点。他们不擅长和其他孩子交朋友，也不喜欢老师；他们总是注意力不集中，上课不认真听讲。如果周围的人没能呵护他们、理解他们，他们会遭遇到新的挫折。事实上，这些孩子最常受到的就是批评和责骂，而不是鼓励，或被教授如何合作。所以，他们不喜欢学习也就不足为奇了，如果他们的勇气和自信继续受到打击，他们会对校园生活彻底丧失兴趣。我们经常在罪犯的经历中发现，13 岁左右时，他们通常在差班，并且总被批评太笨。那之后，他们更加一蹶不振，失去了对他人的兴趣，生活目标也慢慢转向了错误的方向，比如反社会或不良行为。

贫困

贫困也会让人对生活做出错误解读。贫困家庭的孩子，有可能会在社会上遭遇歧视。家里总是捉襟见肘，拮据度日，一家人经历了很多坎坷不幸。而他自己，也不得不在很小就开始挣钱帮父母养家。于是，当他接触到经济优越的人时，看着他们拥有无忧无虑的生活，买得起喜欢的东西，他会愤愤不平：这些人并不比自己了不起，凭什么日子却那么轻松。正因如此，大城市中罪犯的人数会较多，因为在大城市，贫富差距更加明显。嫉妒并不会让人产生良性的生活目标，一个身处贫困环境的孩子，很容易产生错误的认知，认为不劳而获地过上富裕生活，就是自己的人生目标。

身体缺陷

身体的缺陷，也会导致自卑感。这是我的发现之一，但也让我有些愧疚，因为这一发现为神经学和精神病学的遗传论提供了支持。其实在一开始，我就对这个局面有了预感，但在我的观点中，自卑感的产生并不该怪罪于器官缺陷，而是这方面教育的缺失。如果我们能使用正确的方法去引导，器官有缺陷的孩子也会对他人感兴趣，而不是只把目光锁定在自己身上。个体差异本身并不会影响人格，我们应该排除身体缺陷对自卑心理的影响。如果我们想找到正确方法，让这些孩子成为对社会有用的人，并对他人有合作的兴趣，我们就不该过多顾虑身体的因素。

社会不利因素

罪犯中有很大一部分是孤儿，而没能在孤儿身上建立起合作精神，这是现代文化的耻辱。和孤儿相似的，是非婚生的孩子，他们大多也缺乏合作精神，因为他们的生活里没人能让他们感到喜爱，就更别提将这份喜爱转移到其他人身上了。同样，被遗弃的孩子长大后通常也会走向犯罪道路，特别是当他们知道了自己曾被抛弃后。

不难发现有些罪犯相貌丑陋，于是这又成了遗传论者的一大证据，认为犯罪特质有关基因。但想想那些相貌丑陋的小孩子们的感受吧，他们也许只是偏巧没能继承到父母最好的特征，他们本就已经处于相当不利的环境中，不能因为容貌丑陋，就因此一生不堪重负。很多相貌丑陋的孩子，都没能拥有一个美好纯真的童年，但这些孩子如果得到了正确的引导，也会发展出社会兴趣，有所作为。

况且，在罪犯中也不乏外貌英俊漂亮的人。如果我们认定相貌丑陋的罪犯是不良基因的产品，我们又该如何解释这些外表美丽的人也会犯罪？通常来说，这些外表瞩目的人，很可能曾经是被宠坏的孩子，他们很难对别人感兴趣，也无法达成合作。

解决犯罪问题的方法

我们该怎么做，才能真正解决犯罪问题？在一个人的犯罪生涯中，总会有些迹象表明，这是一个缺乏社会兴趣、并且没受到过合作训练的人，他犯罪是为了追求虚幻的个人优越感。

对待罪犯，就和对待神经症患者一样，除非我们能够获得与之合作的机会，否则我们什么也改变不了。下面这一点，强调再多次都不过分：如果我们能让罪犯关心人类的福祉，对他人感兴趣，并训练他的合作能力，引导他用合作的方式完成生命的三大任务，那么所有的问题都会迎刃而解。如果我们做不到这一点，我们所有的其他手段都会注定失败。

这个任务一点都不简单。因为对方的想法早就根深蒂固，他看待世界的视角其形成也不是一两天。即使我们改善他们的处境，或对他们更加严厉，或和他争辩他的错误，都无法让他改邪归正。如果我们想要改变他，我们必须先要找到他思维模式的根源。我们必须要揪出错误最早萌芽的地方，以及引发错误的事件。他的人格主要特征在他四五岁时就已经成型了，在那个时候，他就已经对自己和世界都做出了错误的评估，而此后的犯罪，便是这些错误评估的具体表现。我们必须要了解这些原始的错误认知，纠正它们。而想做到这一点，就必须先要找出他错误态度的早期发展情境。

错误的认知一旦形成，在他此后的生活中，就会把自己经历过的每件事都转变成理由，来为自己的做法辩护。如果他的经历不符合他的思维模式，他就会将它们藏在心里，直到将其梳理成符合他要求的样子。如果一个人持有“人们不把我当人看，都在侮辱我”的想法，他将寻找大量证据来证实自己是对的。而他对其他证据，比如人们尊重他、喜爱他的场景，他则故意视而不见。罪犯有自己听和看的角度和方法，他只对自己和自己的感受有兴趣，也只能听见和看见自己想要的东西，而对那些不符合要求的，统统假装不存在。因此，只有了解他对生活的态度、态度的由来、最早的表现方式，才能让他心服口服。

无效的体罚

对罪犯采取体罚，是不会产生效果的，这反而在向罪犯证实，社会对他有着敌意，这种情况下根本不可能实现合作。而早在学生阶段，类似的事情或许就发生过，比如因为成绩很糟糕，或者不遵守纪律，他们受到过指责和惩罚。正是因为这些经历，他们拒绝合作，现在再对他们采取同样的方式，怎么可能会奏效？他只会觉得，他的情况比以前更让人绝望，人们更加和他对着干。对于一个可能会让自己受到责备和惩罚的环境，谁会愿意去喜欢它？

当孩子失去最后一线希望后，会厌学，会对老师和同学产生排斥。他开始从学校逃跑，躲到不容易被发现的地方，而在这些地方，他发现了很多和他经历相似的男孩。他们理解他，不会责备他，相反的，他们还鼓励他，煽动他的雄心，让他觉得自己能在反社会方面有所作为。他们都对社会需求毫无兴趣，因此他喜欢和他们相处的感觉，把这些男孩当成了朋友，把整个社会当成了敌人。通过这种方式，数量庞大的孩子加入了犯罪团伙。和有过如此经历的人打交道，如果我们还以同样的方式对待他们，他们会更加认定我们是他们的敌人。

这样的孩子本没有理由被生活轻易击败，我们只有不让他们失去希望，把学校作为接触这些孩子的通道，让他们获得信心和勇气，才能杜绝恶劣影响。然而一旦我们忽视这种方法，用惩罚甚至体罚取而代之，则会让孩子在长大后，将所有惩罚方式都解读为社会对他的排斥，并且将这样的想法一直延续下去。

体罚之所以没有效果，还有一个原因，那就是很多罪犯并不在乎自己的生命。他们中的有些人，曾经在某些时刻试图自杀，所以体罚对他们根本没有震慑力。还有些人十分渴望证明自己比警方强，所以他们几乎感受不到疼痛，并认为这是面对挑战时，自己所采取反应中的一项。如果惩罚他们的人态度粗暴，对他们采取严厉的措施，他们则会拼命反抗，希望用这种方式证明自己比警方强。

他们对一切事物都会用这样的视角去解读。他们把和社会的接触，看作是一种长期的战争，在交锋中，他们拼命想取得胜利，如果我们对他们做出同样的反应，以牙还牙，以暴制暴，相当于主动配合了他们，帮他们心想事成。所以，即便是电椅，在罪犯眼中也只是种让人激动的挑战，罪犯会认为自己是在和绝境拼搏，惩罚越重，他就越渴望显示出自己的强悍和狡诈。我们总能看到，很多罪犯在审视自己的罪行时，不是忏悔，而是为自己被抓住而感到遗憾："要是我当时没把眼镜落在现场就好了！"

合作培训

之所以不该让孩子遭受严重的自卑感，是因为这会让孩子不敢或不愿与人合作。要想完成生命的三大任务，就不能在这方面失去信心。

罪犯在解决生活中问题的时候，通常会选择错误的方式，我们必须向他指明，他在哪些领域、因为哪些原因选错了方式，我们必须培养他们对他人的兴趣以及合作的勇气。如果所有人都认识到了这一点，那些能让罪犯推卸责任的理由，将不复存在，孩子们也不会将反人类作为自己的目标。在所有的案件中，我们都可以看见童年时形成的错误生活方式催动了其后的一切，孩子没能抓住时机，培养起自己的合作能力。

而我要特别强调的是，这种合作能力必须是经过培训才能获得的。合作的潜能毫无疑问具有遗传性，每个人都有合作的潜能，这种潜能是人类天生就具备的，只不过这种潜能必须经过培训和练习才能发展。迄今为止，我从未见到过具备很好的合作能力但依然沦为罪犯的人。

预防犯罪的正确方法，应该是让人们从童年起就慢慢培训恰当的合作能力。如果意识不到这一点，犯罪的危害便无法消除。对孩子们的这项教育，就像传授一门学科一样，知识是可以被传授、也应当被传授的。无论是孩子还是成人，我们只有在掌握了一门知识的情况下，才能接受检测，而关于合作的知识，则是我们每个人都需要学习的技能。

到这里，我们对于犯罪的科学探究已接近尾声，现在，我们要做的就是有足够的勇气面对真相。数千年过去，人类依然没有找到正确的方法解决犯罪问题，所有想出的方法都收效甚微，犯罪依然伴随着我们。而我们的调查，则告诉了我们原因：我们从未采取正确的措施，去改变会导致犯罪问题发生的生活方式，以及预防错误生活方式的继续发展。如果做不到这些的话，没有措施会真正有效。因此我们也确切知道了必须采取的措施：训练罪犯的合作能力。

所幸我们已经有了理论知识，以及实践经验，而且，个体心理学还向我们展示了应该如何改变一个罪犯。然而我也知道，如果我们对每个罪犯都进行这样的改变，让他们从此换一种生活方式，这将会是多么浩大的工程。而且，不幸的是，在我们的文化里，如果人们的困难超过了他们可以承受的临界点，他们的合作能力就会消失殆尽，所以在经济不景气的时候，罪犯的数量总是会增加。如果我们想要通过提升罪犯的合作能力来消除犯罪，那么等待治疗的将是整个人类种族中很大的一部分，而如此改造罪犯或潜在罪犯，将其变成对社会有用的成员，在我看来并不现实。

一些实用方法

尽管改造工程实在过于庞大，但还有一些其他的方式也可供我们操作。如果我们不能改变每一个罪犯，我们总可以做些什么，来减轻那些弱势群体的重负。比如，我们可以想办法解决失业问题，以及缺乏职业技能培训的问题，这样，每个想找工作的人都有机会找到工作。这将是提高生活保障的最佳途径，让大多数人不会因为经济困境而失去他们珍贵的合作能力。毫无疑问，如果能实现这一点，犯罪人数就会减少。无论经济形势是良好还是恶劣，我们应当为此而努力。

我们还应该更好地培养孩子，让他们为将来的职业做好准备，这不仅能让他们更好地面对生活，更能给他们更广阔的活动空间。这样的培训，也可以在监狱内进行。监狱已经朝着这个方向努力，或许可以再多做一些，让这效果更加明显。我们或许无法为每个罪犯提供私人化的治疗，但我们却可以提供集体治疗。比如，可以和大部分罪犯就生活上的问题进行讨论，我们在这本书里如何为他们考虑，在现实中就可以拿出来和他们进行商议。对话时，我们应该充当提问的一方，让他们来回答。我们要启发他们的思想，将他们从虚幻的梦境中唤醒，将他们从不正确的世界观和负面的自我评估中解放出来。我们还可以教会他们不要给自己设限，消除他们在面对生活问题时的恐惧，提升他们的勇气和信心。我非常确信，我们可以从这样的集体治疗中取得巨大成功。

在社会生活中，我们应该避免一些场景，尤其是对罪犯或弱势群体造成诱惑的局面。如果贫富差距过大，这对极度贫困的人来说，就是种挑战和打击。因此，我们应该减少浮夸与奢侈，更不要炫耀自己的财富。

在对后进生和问题孩子进行治疗时，我们要记住一点，不要激起他们一较高下的念头，这种挑战是完全无效的治疗方法。原因在于，他们认为自己是在和世界对抗，反而会更加坚定他们的态度，甚至以此为荣。罪犯更会如此，在世界范围内我们可以看到这样的情况：罪犯视警官、法官，甚至我们制定的法律为挑战，激发出了自己破釜沉舟的斗志，结果使他们更加陶醉于自己的英雄气概。我们永远不应该以恶惩恶，不应该以侮辱人格与暴露隐私的方式，大张旗鼓地对他们口诛笔伐。我们应该注意我们的态度，不该指望严厉制裁或怀柔绥靖能改变一个罪犯。只有他更好地了解了自己的情况，他才能做出改变。我们不该认为严厉的刑法能让罪犯俯首帖耳，我们已经看见过太多这样的案例：严厉的刑法反而增加了罪犯反抗的决心，让他们火上浇油。即使是面临死刑，犯罪分子感到后悔的也只是导致他们失手被捕的纰漏。

几乎所有的罪犯，都有过作恶却没被发现的经历。如果我们的破案率能够继续提高，对社会的稳定也有很大的帮助。据我所知，逍遥法外的罪犯至少占总数的百分之四十，或许还要更多，而这一事实无疑会助长罪犯的嚣张气焰。还有一点很重要，我们不应该在监狱里或他们出狱后，肆意羞辱或挑衅他们。增加监督缓刑犯的人员数量，并提升他们的职业素质，是个非常奏效的方式，如果这些人员能对社会问题有一定的概念，知道合作的重要性，那么他们就会发挥更大的作用。

预防措施

还有一些办法，可以让我们防患于未然，那就是从教育阶段，就率先下手。

如果我们能培养孩子拥有合适的合作能力，培养他们的社会兴趣，罪犯数量就会大大减少，而且这些效果会在将来给我们惊喜。受到过合作能力方面训练的孩子，会坚持自己的想法，不会轻易就被煽动或引诱着去犯罪。无论他们在生活中遇到何种困难，他们对他人的兴趣都不会完全被浇灭。也正因此，孩子们的合作能力以及解决生活问题的能力，会比我们这一代人更高。

大部分罪犯很早就开始了他们的犯罪生涯，一般开端于青少年时期，而 15 岁到 28 岁之间犯罪最为频繁。因此，如果我们能从孩子幼年时就开始着手，成功的可能性会大幅增加。不仅如此，我还相信，如果孩子受到良好的教育，他们也会给他们的家庭带来正面的影响。独立自主、积极乐观、心理健康的孩子对他们的父母来说，是个很好的帮助和安慰。这些孩子身上的合作精神，更是会影响整个世界，让社会的风貌提高一个层次。

我们能影响孩子，也就能影响他们的父母和老师。但其中唯一的问题是，我们如何选择最佳切入点，采用什么方法来培养孩子，以便他们能够完成生命赋予的任务，并解决生活中的问题。我们可以对所有父母进行培训吗？并非如此。我们很难将父母集中起来进行教育，而且，最需要进行培训的父母，正是那些我们很难见面的父母，因此，我们必须找到其他方法。

然而，还有一个方法却是切实可行的，而且很有望让问题得以真正的解决。我们可以将老师作为推动社会进步的工具。我们可以培训老师，教会他们去纠正孩子在家庭生活中形成的错误，培养孩子的社会兴趣，让孩子去关注他人并对他人感兴趣。这也是学校出现的原因，因为家庭无法完全胜任将孩子培养成有用之人的任务，必须有学校作为家庭教育的延伸。如此，我们很有理由将学校作为基地，将孩子培养得更具社会兴趣以及合作性，并更关心人类的福祉。

我们的教育活动，必须基于以下这些要求。我们在现代文化中享受到的任何进步，都是过去那些对社会做出贡献的人的结晶。而那些不合作、对他人不感兴趣、没有对社会整体做出过贡献的人，他们的整个人生都是徒劳无用的，一旦他们死去，他们便等于彻底消失了，因为他们没有留下任何痕迹。只有那些做出过贡献的人，才能在身后留下他们的成就，他们的精神一直在延续，千万年后依然光彩熠熠。如果我们把这作为教育孩子的基础，他们就会心甘情愿地进行合作和工作，即使是面临困难的时候，哪怕是最棘手的问题，他们也会因为自己足够强大，而不软弱退缩。并且在他们勇敢面对的时候，采取的措施，也都是不会损害他人利益的方法。

职业

What Life Could Mean to You

第十章

如何平衡生命的三大任务

生命的三大任务，是由人类与生俱来的三种关系决定的。但每项任务，都不是独立存在的，也都不能独立地被解决。

人类的第一种关系，也就是我们与地球的关系，为我们创造了职业。这个星球上的所有资源——肥沃的土壤，丰富的矿藏，以及变换的气候，都可以用来解决我们的生存问题。而找出解决的具体方法，就成了人类的任务。即使是今天，我们也不能认为已经找到了一个最佳答案，每个时代，人类都能获得一些新的解决方法，会迈上一个新的水平，我们仍需要继续进步，并取得更大的成就。

第一个问题的解决方法，来自于第二个问题的答案。人类的第二种关系，就是社交关系。人类通常与同类生活在一起，这决定了我们要为他人考虑，去适应他人，并对他人产生兴趣。如果地球上的人类只剩下一个，他的态度和行为绝对会不同于他和同类相处时。身为群居物种，解决社交问题的最好方法就是友谊、社会感以及合作。社交问题的解决，能够让我们在职业问题的解决上迈进一大步。

正因为学会了合作，人类才有了社会分工。这是个伟大的发现，为人类福祉提供了首要保障。如果每个人都想只靠自己实现生存，那么我们不仅无法和任何人合作，也不可能享受过去先人们合作的成果，人类的生命就不可能得到保护和延续。通过社会分工，我们将各种技能组织起来，让每个人都能对人类的共同利益做出奉献，也都能从中获得好处，这不仅会让我们的生活更有保障，更能提供更多的就业机会。时至今日，我们不能断言目前的职业已经完备，也不能认为目前的社会分工已经完美，但我们可以确定的是，所有为了解决职业问题的努力，都必须在社会分工的框架范围内进行，以合作的形式，通过工作为我们的共同利益做出贡献。

但生活中，总会有些人试图回避这个问题，他们不去工作，或将自己置身于人类共同利益之外。这种对于问题的逃避，事实上是在向别人进行索取，他们采用各种方式，依靠他人的劳动生活，自己却不做出任何贡献。而这也是被溺爱的孩子普遍的生活方式——每当困难来临，就要求别人来为他解决，而这些孩子经常会拖大家的后腿，阻碍人类的合作，将负担扔给那些有能力积极解决生活问题的人。

人类的第三种关系，就是两性关系，它为我们设置了爱情、婚姻和家庭的问题。人类生而为男性或女性，他和异性交往的方法以及自身性别角色的实现，和人类的延续密不可分。两性关系问题的解决，也和另外两个问题的成功解决息息相关。为了解决爱情婚姻家庭问题，我们需要在社会分工中有自己的职业，并需要和他人建立健康友好的关系。我们已经看见，而今解决婚恋问题最好的方式就是一夫一妻制，这个方式最符合社会要求和社会分工。而一个人解决婚恋问题的方式，也总是能反映出他的合作程度。

生命的三大任务之间，总是相互关联，永不分开。它们就像交叉摇动的射灯，总是互相照应，彼此印证。对一个问题的解决，有助于解决其他两个问题，一个问题解决得好，其他两个问题自然会更顺畅，而一个问题如果解决欠妥，那么其他两个问题也会变得难以对付。可以说，它们是一荣俱荣、一损俱损的关系。或许可以说，它们展现了同一个问题的各个不同方面——即个体在自身所处环境中，维护和发展生命的必要性。

当然，有时候也会出现这样的现象：一份职业有时会被当成借口，来逃避社交和婚恋方面的问题。在我们的社会中，许多人常常夸大事业的重要性，以此来回避婚姻和家庭问题。一个狂热地将自己献身于事业的男性，会认为："我一心扑在事业上，没时间和精力花在婚姻上，所以，我的婚姻不幸福，不是我的责任。"这在神经症患者中尤为常见，他们都试图逃避社交和婚恋问题，他们要么是不愿意结交异性，要么就是用错误的方式和异性交往。他们既不交朋友，也对别人毫不关心。但他们不分昼夜地忙工作，即便是躺在床上，思考的也是工作问题，连做梦都会和工作有关。他们生活在极度紧张的压力中，因此出现了神经症的症状，如胃痉挛或其他不适。而后，他们又会觉得，正是这些疾病让他们无法和他人交往，无法解决婚恋问题。还有一些人的困境也和职业有关，比如一个人过于频繁地换工作，证明他总是想找一份更适合自己的工作，不愿脚踏实地做好眼下的工作。到了最后，这种人通常是徒劳无功，一事无成。

早期培养

家庭和学校的影响

母亲是影响孩子职业兴趣的第一人。孩子生命最开始四五年中的经历，尤其是受到的教育，对其成人后的生活起着决定性的作用。

当有人向我寻求职业指导时，我总会问这个人的童年是怎样开始的，对什么感兴趣。一般来说，童年记忆能够明确地揭露出，他受到的家庭教育是如何培养出了他对某件事物的敏感性，从而使他以此为导向给自己以训练。于是他的理想顺理成章地诞生，并在童年时期便将其融入了自己的心灵世界。

除了家庭方面的培训，孩子受到长期培训的另一个来源，就是学校。我相信，我们今天的学校对孩子未来的职业培训更加重视，对孩子的动手能力、听觉、视觉、功能和协调性也会进行更多的训练。这种训练和学科学习一样重要，两者均不能舍弃。尽管我们经常听到很多成年人说，他在上学时学的某门知识长大后全忘了，但过去的经验告诉我们，各种学科的学习，是全面培养大脑功能的最佳方式。有一些学校很注重培养孩子的工匠技术和手艺，这种方式和在某门学科上取得好成绩一样，也会增加孩子的经验和自信心。

纠正潜在错误

有些人能够自由选择职业，但他们永远都觉得不满意。他们想要的不是一份职业，而是能轻松获得优越感的途径。他们不希望面对具体的、难缠的生活问题，因为他们觉得自己的生活里不该有这些问题，一旦出现就会抱怨不公平。持有这种态度的人，多是那些被溺爱的孩子，他们总是希望有人替他们负担一切。

还有其他孩子从来不愿意做领头人。他们的主要兴趣，是寻找一位能让他们仰视的领导者，他们愿意去服从另外一个孩子或成人。这并不是个很好的趋势，如果我们能够避免孩子发展出这种甘愿被支配的态度，算得上是件好事。而如果我们不去改正他们的这种态度，孩子在将来的生活中将难以有所担当，不要说起到积极的带头作用了，就连自己都无法主导。为了合乎自己的内心倾向，他们选择的职业多半会是办公室小职员这样的工作，他们喜欢按部就班地去做别人指派给自己的任务，没有进取心和创造力。

对生活持正确认知的孩子，也会对自己进行正确的训练，反之，对生活持错误认知的孩子，会在生命早期就对自己进行逃避职业的错误训练，不愿意集中自己的注意力，也不愿意去勤奋努力。因此，当我们看到一个成年人生活受阻，身陷困境，我们必须要以科学的方式去找到他的错误原因，并以科学的方式去帮他改正。如果我们是生活在一个一切坐享其成的星球上，也许无所事事是人们公认的美德，而勤劳努力的人反而让人指责。鉴于我们和自己所处的星球的关系，合乎逻辑和常识的答案就是——我们不仅需要去工作，而且，我们必须合作起来，通过工作来做出贡献。这不仅是人类的本能，从科学角度看，也能发现这样做的必要性。

天才和早期追求

在那些天资卓越的人身上，我们总能看到，他们在早期就受到了与众不同的训练，我相信发生在他们身上的现象，可以给人类的早期训练带来诸多启发。

到底什么样的人才叫天才？在我看来，只有为人类共同福祉做出了贡献的个体，才能称之为天才，根本不存在那种没为人类带来任何好处的天才。文化艺术是所有个体中最具合作精神的产物，而那些人类最伟大的天才，则在这方面合力提升了我们的整体水平。荷马在他的诗中，只提到了三种颜色，并以此来分辨万事万物。毫无疑问，当时的人们能够注意到更多的色彩差异，但是却没有去命名这些色彩，因为这些色彩差异对他们来说似乎微不足道。那么是谁教会了我们现有的颜色名称，又是谁区分出了所有的色彩？这是艺术家和画家的杰作。

音乐家将我们的听觉精化到了非凡的程度。我们现在能使用和谐悦耳的声音，而不是像原始人那样，只能用粗糙单调的腔调唱歌，这都是音乐家的功劳。他们的作品丰富了我们的精神，在音乐的熏陶下，我们不知不觉地训练了自己的乐感和声带。

诗人深化了我们的思想和知觉，教我们拥有更好的表达能力，和更精准的理解能力。他们丰富了我们的语言，使它更灵活也更复杂，并让这些语言在生活中得以广泛运用。

毫无疑问，天才是人类中最具备合作能力的。在某些方面，他们的行为和态度也许没让我们直观地看到合作能力，但是我们可以在他的整个历程中，看到合作能力一直在发挥作用。对这些人来说，合作并不是件容易的事。很多天才走的都是一条艰辛之路，充满坎坷和障碍，不少人一出生就有着严重的器官缺陷，在生命初期，他们面临着严峻的考验，但却努力去克服。特别值得注意的是，他们很早就确定了自己的兴趣，并在童年时期对自己进行艰苦的训练。他们让自己的感官变得更加敏锐，以便能够和世界连接，并理解世界。从这些早期训练中，我们能总结出，人类的文化与艺术杰作，都是天才们一手磨砺出来的，而不是依靠天赋或遗传，他们的不懈努力，惠及了后代苍生。

培育天才

孩子早期的兴趣追求，为未来的成功打下最牢固的基础。假如我们看到有个三四岁的小女孩在一个人玩耍，她为自己的玩具娃娃缝制一顶帽子，这时，如果我们对她说“你做的帽子非常好”，并给出一些建议，告诉她如何将帽子做得更好，小女孩会受到鼓舞和激励，她会更加热心地投入一件事，自觉且努力地提高自己的技巧。但如果我们说：“把针放下！你会扎着自己的，你根本就不需要做帽子，我们去外面可以买到比你这个好得多的。”她听后，很可能会放弃尝试和努力。如果我们对受到这两种不同反馈的女孩进行追踪，看看她们长大后的样子，并进行对比，我们会发现，受到第一种反馈信息的女孩有着很强的艺术才能，并且对工作很感兴趣；而另一个女孩则很难找到自己的定位，她不知道自己该做什么，而且对自己做的任何事情都没有信心。

识别孩子的兴趣

童年时的职业蓝图

如果一个孩子童年时就知道自己将来想要做什么，孩子的培养就会简单得多。如果我们问孩子以后的梦想，大部分孩子都能给出答案，但这答案大多不会经过深思熟虑。当他们说我想成为飞行员或汽车司机时，他们并不知道自己为何要选择这个职业，而我们的任务就是发现他们的潜在动机、努力方式、动力来源、所处的环境、目标以及他们认为如何实现目标。孩子们的回答，揭示了某种职业的可能性，而这种可能性对他们来说，代表着一种优越性。通过对这一优越性的发掘，我们还可以帮他们识别出其他符合这一优越性的职业发展可能，然后据此帮助他们实现目标。

一个 12 到 14 岁的孩子，应该已经对自己想要从事的职业心中有数了，每次听到这个年龄段的孩子对未来的职业没有任何想法时，我总是感觉很遗憾。理由很明显，这证明他缺乏抱负，但这并不等于他根本没有兴趣，他也许有念头，但却没有勇气说出来。在这种情况下，我们必须要努力找出他主要的兴趣点，以及他受到过的培训与教导。

有些孩子，在高中毕业的时候，对未来的职业方向依然充满迷茫。他们中的很多人其实非常聪明，有些甚至成绩很好，却没有明确的思想，不知道自己的未来会怎样展开。我们发现，这些孩子虽然有抱负，却往往不具备合作能力，他们没有感觉到自己在社会分工中的位置，而且无法及时找到实现自己抱负的具体方法。

因此，早些询问孩子他们将来希望做的职业，是个非常可取的做法。我常在学校问到孩子这些问题，以便引导他们自己去考虑这一点。我也会问他们选择这个职业的理由，他们的回答，让我知道了更多具有揭示性的细节。在孩子的职业选择中，我们可以看见他的整个生活方式。他是在向我们展示他追求的方向，以及他认为生活中什么东西最有价值。我们必须尊重他，让他珍视自己的选择，并且让他明白职业没有高贵与低劣，只要是能为人类利益做出贡献，那么他的职业就和其他任何人的一样有意义。而他唯一的任务，就是朝着这个方向训练自己，自力更生，将自己的兴趣范围置于社会分工的框架内。

也许大部分人，心里最爱的还是他们在四五岁时的兴趣方向，但出于经济考虑或来自父母的压力，他们不得不选择了另外一个方向，做着一份自己不感兴趣的职业。这也说明了，童年时受到的训练有多重要。

早期记忆

在职业指导中，一个人的初始记忆应该给予高度重视。如果我们发现在孩子的初始记忆中，他对视觉效应十分有兴趣，我们可以得出结论，他会更喜欢和视觉有关的职业。一个孩子如果提到某人对他说话的记忆，或风声、钟声，我们可以得知他是个听觉类型的人，而且我们可以推测，他也许适合某些和音乐有关的职业。在有些人的初始记忆中，我们看到他们对动感或运动的印象，他们是喜欢有更多活动的人，也许他们将会对体力劳动和旅游方面的职业感兴趣。

模仿

通过观察孩子，我们经常可以看见他们在为将来的职业训练自己。很多孩子显露出对机械技术的兴趣，如果他们朝着这个方向训练自己，而将来又实现了自己的愿望，从事了和机械技术有关的职业，他们就会格外有所作为。孩子们玩的游戏，能向我们点明他们的兴趣，比如，一个孩子希望成为一名老师，我们能注意到他会将年幼的孩子聚集在一起，玩上课的游戏。

对“母亲”这一角色感兴趣的小女孩，通常都很喜欢玩具娃娃，她们会训练自己对婴儿感兴趣，并乐于照顾婴儿。当看到小孩子训练自己扮演母亲时，我们应该鼓励她们，我们不必去质疑这类游戏对孩子的积极作用，有些人会担心，娃娃玩具会不会让孩子沉溺于虚拟的想象，但事实上，孩子们是在训练自己，为未来成为母亲做着准备。这是弥足珍贵的一课，她们越早对自己进行这样的训练，对母亲这个角色的热爱就能越早成型。

我要在这里重申，**一位承担起母亲职责的女性，其为人类做出的贡献，与社会分工中的所有其他人一样重要。**她对孩子的热爱，为孩子们成为优秀的社会成员打下了坚实的基础，她拓展了孩子的兴趣，对他们进行合作训练，她的工作是如此有价值，配得上一切褒奖与称赞。但在我们的文化里，“母亲”这份工作被社会低估，被认为是没有吸引力、没有金钱回报，却必须承担责任的工作。做母亲带来的回报是间接的，而从现实角度说，很多将为人母当成自己主要职责的女性，通常没有经济收入，不得不在这方面仰仗他人。然而，成功的家庭离不开母亲的职责，也离不开父亲的职责。无论母亲是操持家务、带孩子还是有独立工作，她作为母亲为家庭以及社会做出的贡献，永远不能被误以为低于她的丈夫，她作为母亲的这份工作，并不比她丈夫的工作轻松，也绝不比她丈夫的工作低贱。

对职业选择的影响

那些经历过疾病和濒临死亡的孩子，即便没受到别人的引导，也会对成为医生、护士或化学家保持极大的兴趣。我认为，他们的追求应该受到鼓励，因为我总是发现，有兴趣成为医生的孩子，很早就开始了对自己的训练，并热爱自己的职业。有时候，死亡导致的恐惧心理会以另外一种方式得到补偿。这个孩子会产生抱负，将通过艺术和文学创造的形式，来探寻生命的意义，有时，他还会成为一个虔诚的宗教信仰者。

孩子身上最常见的努力，就是尝试超越其他家庭成员，特别是父亲或母亲。这是非常珍贵的愿望，我们很高兴看见家庭里有人青出于蓝而胜于蓝。如果一个孩子希望在自己的职业上超过他父亲的成就，他父亲积攒下的经验，就可以帮助他有个良好的开始。如果父亲是警察，孩子通常希望自己成为一个律师或法官；如果父亲在医院工作，孩子也许会希望自己也成为一名医生；父亲是教师的话，孩子也许会希望成为大学教授。

如果家庭生活中过分强调金钱的重要性，孩子就只会根据他们能够赚到的钱，来看待职业问题。这是个极大的错误，因为这样的孩子不会对通过对人类的贡献程度，而选择感兴趣的工作。毋庸置疑，每个人都应该去谋求生计，我们不能忽视这一点，而让自己变成他人的负担，但如果一个孩子只对赚钱感兴趣，他很容易就会偏离合作的道路，只在乎自己的好处。如果“赚钱”是他唯一的目标，却没有任何与这一目标相连的社会兴趣，那么他很有可能会通过抢劫或欺骗来获取钱财。即使，他不采取这么极端的手段来“赚钱”，但他的所作所为也不一定有益于他人。在我们这个复杂的时代，走这种路线，是很有可能发家致富的，甚至一些错误的、损人利己的、不道德的方法，也可以让一个人获得金钱上的成功。

我们不能保证，一个有着正确的生活态度的人能立即成功，但我们可以保证，他将会保持生活的勇气，并且不会失去自尊。成功于他而言，未必比选择歧途的那些人来得困难。

解决方法

对于问题儿童，我们首先要做的，就是发现他们的主要兴趣，这种方法更能让他们感受到鼓励。对于还没有找到工作的人，或工作不顺利的人，我们需要合适的人选来帮助他们，找到他们的真正兴趣，给予他们和这份兴趣有关的职业指导，并努力帮助他们就业。这并不是件容易之事，如今，过高的失业率总是让人非常担忧。在人们想要提升自己合作程度的时代，这可不能算是什么好现象。但也正因如此，相信任何知晓合作重要性的人，更应该努力去消除失业现象，让每个想工作的人都有机会就业。

进一步推进职业培训以及成人教育，会有助于减少失业率。很多失业者都没有技术专长，他们中的一些人，甚至对社会生活也不感兴趣。没有一技之长以及对人类利益不感兴趣的人的数量一旦过多，将会给社会带来沉重的负担。他们会深切地感觉自己落后于时代，落在大家的后面，属于被遗忘的弱势群体，也正因此，没有技术专长的人群里很容易出现罪犯、神经症患者和自杀者。所有父母和老师，以及所有对人类将来发展和进步有热情的人，都应该努力让所有的孩子受到良好的职业培养和训练，以便他们中的大多数人在走向社会后，能在社会分工的框架中找到属于自己的一席之地。

个体和社会

What Life Could Mean to You

第十一章

人类对团结的追求

人类最古老的追求，就是成为同类中的一员，从而获得归属感。人类取得的所有进步，都是源于我们对自己的同类感兴趣。家庭是个组织，家庭成员的兴趣，对于这个组织而言至关重要。早在人类历史文明之初，我们就能发现人类有着组织群体和家庭的倾向，原始部落采用通用符号将成员们紧密联系在一起，促成成员们之间的合作，并赋予他们一个共同的身份。而宗教通常具备通用符号，并且是一种典型的共同身份。

宗教的作用

最质朴的原始宗教，是图腾崇拜。比如，一群人会敬奉蜥蜴，而另外一群人会崇拜公牛或蟒蛇。信仰同一种图腾的人们，会选择群居在一起，合作互利，部落中的每个成员都认为自己和其他成员是兄弟。这些原始习俗，是人类为了形成并稳固合作关系，所采取的伟大的举措之一。每逢这些原始宗教的节日，每个崇拜蜥蜴的人都会和他的同类聚在一起，他们会一起讨论丰收，讨论如何共同抵御飞禽走兽的袭击，如何对抗天灾，这就是节日的意义。

婚姻被视为涉及整个部落利益的事。每个信仰同一图腾的男人，必须要依照部落制度和规定，在部落之外找到自身伴侣。我们应该意识到，婚恋并非某个人想要做或不想做的私事，而是整个人类的身心灵都参与到其中的共同任务。结婚意味着某些责任，因为这是整个社会期望的任务，整个社会都关心新生儿的健康，希望他们在合作氛围中被抚养大。原始社会的联结方式，就是他们的图腾以及管理婚姻的繁文缛节，很多细节对现在的我们来说，也许是很可笑的，但这些习俗在他们那个时代，意义是无法估量的，它们的真正的目的，就是为了增强人与人之间的合作。

宗教要求每个人必须完成一件重要的任务——“爱你的邻居。”这充分说明，提高对同类的兴趣，是人类共同的追求。从个体心理学的观点出发，我们也可以证实这种追求的意义。一个被溺爱的孩子问我们：“我为何要爱我的邻居？我的邻居爱我吗？”这个问题能说明他缺乏合作的训练，只对自己感兴趣。一个对自己同类不感兴趣的人，他总会在生活中遭遇极端的困难，同时，也会给他人带来极端沉重的伤害，生活失败者就是来自于这些人。很多种宗教和忏悔组织，都在试着以他们自己的方法提高人类之间的合作，就我个人而言，我很赞同将合作视为最终目标，并欣赏为此付出的每份努力。有了合作，就不会出现争吵、责难或蔑视。虽然在这方面没有一份堪称真理的合作纲领，但想要实现这一最终目标，却确实存在一些方法。

政治和社会运动

再好的方法一旦涉及政治，难免会被滥用。但想通过政治做成任何事情，合作依然是不可缺少的要素。每位政治家都必须把人类的进步，作为他的最终目标，而人类的进步则意味着更高程度的合作。通常我们没有什么高明的办法，能用于判断哪些政治家可以真正带来这种进步，每个人都会从符合自己生活方式的出发点，去进行判断。但是，如果一个政党内部的成员们合作很愉快，这个政党的行动通常不会引起人们的憎恶。社会活动也是如此，如果人们参加这些活动的目标，是将孩子培养成良好的社会成员，提高他们的社会感，那么这些活动就应该得到支持，而他们也可以遵循自己的传统，宣扬自己的文化，按照自己认为最好的方法，去影响并改订法规。阶级运动也是一种群体运动和合作行为，如果它的目标是为了人类的进步，我们不应该对它们怀有偏见。

因此，我们对所有政治和社会活动的判断都应该看它是否能够增进人类对同胞的兴趣。我们会慢慢发现，增进合作的方式有很多，也许有些方式比其他方式更好，但只要这项活动的最终目标是为了增进合作，我们就不要纠结于某项措施是否算得上最佳方案。

缺乏社会兴趣和社会联结

利己主义

被利己主义驱动的生活态度，是我们必须要去反对的。这种生活态度，是我们能够想到的、实现个人以及人类共同进步的最大障碍。毕竟，只有我们先对自己的同类感兴趣，我们才有动力去发展自身的能力。我们之所以能够说话、阅读、书写，是因为这些都意味着和他人的联结，语言本身就是人类共同创造的结果，是社会兴趣的产物。人类理解能力的发展，更是社会生活的共同产物，而非以一己之力凭空便能具备的功能。所谓理解，就是以我们认为能够与他人共享的方式，去解读一件事物。而要想做到理解，必须用某种大家都能共享的媒介作为平台，用人性共有的体验作为语言，将自己和他人连接起来。

有些人只着眼于寻求自己的利益和个人优越感。他们赋予生活的意义是私有的，认为自己的生活与他人无关。然而，这不是能被大家认可的意义，而是一种自私的、无法和整个人类分享的观点。我们发现，持这种生活观的人没有归属感，无法和自己的同类们建立联结。生活中我们常会看到，一个只对自己感兴趣的孩子，神情通常是猥琐或空洞的，而这样的表情我们同样可以在罪犯或疯子脸上看到。这类人不喜欢和他人进行眼神交流，他们不喜欢别人看他，也不喜欢看别人，说话时他们会故意移开目光，看向别处。而他们看待世界的方式，也和其他人都不一样。

心理失常

一个人无法与他人建立联结，便会出现多种神经症症状。比较明显的症状包括强迫性脸红、口吃、阳痿和早泄。这些症状都说明，个体因为对他人缺失兴趣，而无法与他人建立联结。其中，心理失常是一个人孤立程度最高时候的表现，这是仅次于自杀的、与其他社会成员疏远的形式。但如果能激发出心理失常者对他人的兴趣，即使是这种程度的病症，也是可以治愈的。

治愈病症是门艺术，但这门艺术带着迫切的色彩。我们把患者从失常领域抢回的方式，就是实现与他们的合作，而要想做到这一点，我们必须要有十足的耐心，怀着最真挚的善意，以及最友好的态度。

有一次，我被邀请去看一位精神分裂患者。她患这病已经8年了，过去2年一直待在精神病院。她无法和人交流，只会像只狗一样大叫、吐唾沫、撕扯自己的衣服，还试图吃掉自己的手帕。我们可以看出，她完全对人类不感兴趣，而是将自己当作一只狗，我们理解到她为何会这样做——她觉得，她母亲对她一直就像对一只狗一样，或许她是在说，“见过的人越多，我就越想当一只狗”。我连续 8 天一直试着和她说话交流，但她一个字也不说，然而我却没有放弃，30 天后，她终于开始说话，尽管用的是混乱难懂的方式，但这同样意味着极大的进展。正因为我把她当成朋友一样对待，她受到了鼓舞。

但受到鼓舞不代表恢复正常，这个类型的患者，在受到了鼓舞后通常并不知道如何使用这份勇气，原因在于，他对人类的抵制已经非常强烈了。这样的患者，虽然勇气已经恢复了一些，但依然不想合作，而我们却可以预测出他接下来的行动。他极有可能表现得像一个问题儿童，或者成为一个万人嫌；他会打碎任何他能够到的东西，或者打护士。在我和这位女患者接触的时候，就出现了这样的问题。当我再次和她说话的时候，她开始动手打我。这时，我必须快速找出对策，而唯一能出乎她意料的做法就是不抵抗。我的举动让她感到惊讶，你可以想象这样的场景——我让她打我的同时依然很友好地看着她。她打碎了我的窗户，并被玻璃割伤了手。我没有谴责她，而是为她包扎了伤口。这是她没想到的，但也正是这种方法，化解了她对我所有的挑战心理。

面对患者的这种暴力行为，人们通常采用的对策是将她关起来，锁在自己的房间里。这是一种错误的方法。如果我们想要赢得这个女孩的信任，我们就必须不按常人的处理方式去对待她，期待精神失常的人做出像正常人一样的行为举止，是很可笑的。几乎每个人面对心理失常的人时，都会觉得无奈而又恼火，因为这个人不会做出像普通人那样的反应，他们不吃饭，撕扯自己的衣服，做出各种违背常理的行为。但我们必须任由他们这样去做，否则我们无法帮助到他们。

自那以后，这个女孩康复了，一年后，她的状态也完全正常。一天，我去那家她曾经待过的精神病院，在路上，我恰巧遇见了她。

“你在忙什么呢？”她问我。

我说：“我准备去你待过两年的那家精神病院，和我一起去吧。”我们到了医院后，我见到了那位曾为她做治疗的医生，在我去看望另一位患者时，我建议这位医生和这个女孩聊聊。而就在我回来后，这位医生的样子显得很恼火。

他说：“她非常健康，但有件事让我非常不高兴。她不喜欢我。”

后来，我又见过这位女孩几次，10 年来她一直很健康。她有了自己的工作，自食其力，和周围的人相处也很好，见过她的人都不会相信，她以前曾是个精神病患者。

患者与其他人之间的疏离和隔阂，以这两种病症的表现症状为甚：妄想症和抑郁症。妄想症会责难所有人，认为大家都在参与策划一场针对他的阴谋。而患有抑郁症的人则责难自己，他会说类似“我毁了我的全家”或“我没用，孩子们一定会因为我饿死的”之类的话。然而，他们看起来是在指责自己，但真正的目的却是怪罪他人。有一个真实的案例，一位能力出众而又很有影响力的女性出了一场意外，她无法再继续进行社会活动。她虽然有3个女儿，但她们都已经结婚了，这让她觉得异常孤单，更糟的是，她此时又失去了自己的丈夫。她以前一直过着优裕的生活，受人宠爱，为了找回过去的状态，她开始去国外旅行散心，然而，她总觉得自己在人们心中的位置不再像从前一样重要了，在国外期间，她患上了抑郁症。也正因为这个病，她的新朋友们也远离了她。

抑郁症会给患者带来极大的折磨。她感到难熬，于是让女儿们来照顾自己，但每个人都有自己无法脱身的借口。这个时候，她最常说的口头禅就是："我的女儿们对我很好。"但其实，她的女儿们留下她独自一人，只让一位护士照顾她，她们只是偶尔地去看看她。这种情况下，她的话显然没有可信性。这些话的本质是种指责，每个知道她情况的人都明白，她是在指责自己的女儿不关心她。抑郁症，意味着无休止的怒火，以及对他人无止境的责难，虽然它的目的是为了获得他人的关心、同情和支持，但患者的表现形式，却是只抱怨自己，只对自己的过错感到灰心丧气。

抑郁症患者通常倾向于通过自杀来实现对别人的报复。治疗这种患者时，医生的首要职责就是消除患者自杀的理由。我自己治疗这些患者的首条规则就是，向他们提议"不要做任何你不喜欢的事"。这听起来似乎没什么建设性，但我认为，这直达问题的根源。如果一个抑郁症患者能够做自己想做的事，他还可以指责谁？他还有什么要去报复的事？我会对他说："如果你想去剧院，或度假，那就去做。如果半路上你改变了主意，那就不要勉强自己硬着头皮继续。"

这是任何人都喜欢的情形，因为这会满足自己对优越感的追求。人们会觉得自己就像上帝一样，可以做任何自己喜欢的事。但从另外一方面来说，这样做也许不符合他的生活方式。因为他原本想要指责和支配他人，可如果大家都赞同他，他也就没人可以指责了，更没法以此为要挟去支配他们。一旦卸去了患者心中对于别人的责难，便能缓解他们的病情，被我采取这一手段治疗的患者，迄今为止没有一个人还有自杀的意图。当然，这不代表我们就能放心大胆地把患者当成正常人，抑郁症患者不能独处，最好有人能在患者身边注视他的一举一动，以防万一。

如果鼓励患者做自己想做的事时，病人回答"但没有我想做的事"，我们应该如何应对？事实上，这种答案会经常出现在患者口中，我就听到过很多次。对这个答案，我早就做好了准备，一般我会这么说："那么就不要去做自己不喜欢的事。"

有一次，一个患者告诉我："我想整天躺在床上。"我并没有反对他，反而表示赞同，因为我知道，如果同意他的观点，他其实也就没了躺在床上的兴趣。对于患者来说，你越是阻止他，他就越会和你作对。所以，我总是站在病人的这边，顺着他们的心意。当然，这只是我的策略之一。而另外一个策略，会更直接地指明他们的生活方式。

比如，抑郁症患者基本都失眠，因为他们想要利用失眠来获取关注。我告诉他们：“试着思考如何去取悦一个人，如果你遵循这个思路，你会在 14 天内康复。”这对他来说意味着什么？以往，常常占据他们想法的都是：“我该怎么让别人为我担心呢？”现在，我们要求他做的事其实和他的习惯正好相反。

患者的回答总是耐人寻味。比如有的人会说：“这对我来说很容易，我一辈子都在这样做。”这么回答的人，都是从来没有这样做过的人。于是我继续引导他们：“当你躺在床上无法入睡的时候，你可以用这时间想想如何取悦某个人，这会极大地改善你的健康。”第二天我见他们的时候，我会追问他们：“你昨晚考虑我的建议了吗？”大部分的回答是：“我昨晚一躺下就睡着了。”看，为了避免考虑这个问题，他们会选择让自己快速入睡。

而还有一些人会回答：“我可能永远都做不到，我总是很焦虑。”我会对他们说：“不用停止你的担忧，但你同时可以时不时地想想他人。”我想将他们的兴趣导向他人。很多人会有疑问：“我为何要取悦别人呢？别人不会想着取悦我的。”于是我说：“这是为了你的健康着想，至于其他的事没那么重要。”我所有的努力，都是为了提高患者们的社会兴趣。我知道，很多人之所以患病，真正根源就是缺乏合作精神，我希望他自己也能看到这一点。一旦他能在平等合作基础上，和同类们建立联结，终究可以被治愈。

当然，所有的这些过程，都必须以谦虚友善的方式进行，医生不要显示自己的优越性，不要让患者产生抵触或戒备心理。

过失犯罪

另外一个缺乏社会兴趣的明显例子，就是所谓的“过失犯罪”。比如一个男人随手扔掉还在燃烧的火柴，结果引发了一场森林大火；或是一个工人将一根电缆留在马路上，就下班回家了，一辆汽车经过刚好轧上电缆，车内的人都被电死了。在这两个案例中，没有一个肇事者是故意去犯罪。从道德角度上，他们似乎无罪，不必为实际灾难负责。但他们显然没有为他人着想，没有自发地采取预防措施，来确保他人的安全，或防止社会财产受到损失，这是缺乏合作精神的表现。此类现象在生活中有很多，比如衣冠不整的孩子，总是踩到别人脚的人，打碎碗碟、打翻壁炉架上的装饰品的人，都很缺乏合作精神。

社会兴趣和社会平等

对人类同胞的兴趣，是在家庭和学校中培养并训练出来的。现在，我们已经知道哪些情况会阻碍孩子这方面兴趣的发展。

我并不是个遗传论者，我认为，社会感不是一种遗传本能，但同时我又认可一个人的社会感的潜能，却可能来自于遗传。而且，这种潜能是否能得到发展，和父母的养育技巧、父母对孩子的兴趣，以及孩子对环境的感受密切相关。如果孩子觉得环境中的人们都不友好，觉得自己被敌人包围着，被人逼到了墙角，那他不会交上朋友，也不会成为某个人的好朋友。如果他觉得，其他人应该为他服务，他将不会想着为他人做出贡献，他希望的是统治别人。如果他只对自己的感受、身体的痛痒和各种不适感兴趣，他将会让自己和社会隔离起来。

我们已经看见，让孩子感觉自己在家里受到尊重和重视，让孩子对家里其他成员感兴趣，将是最有利于孩子成长的家庭氛围。我们也看见，父母双方应该是彼此的好朋友，应该在家庭关系外也有着亲密的朋友，和健康的友情。这样的话，孩子就会觉得家庭以外的世界和人员是可以相信的。我们还看见，在学校，孩子应该觉得自己是班级的一部分，是同学的朋友，并且信赖他们的友谊。家庭和学校生活中的一切，都是在为进入更广大的社会生活做准备，目标就是让孩子成为一个有社会归属感的人，成为人类中的一个平等的成员。只有这些条件都具备了，孩子才能一直保持自己的勇气，致力于让他人拥有更好的生活，从容完成生命的三大任务。

如果他能成为众人的好朋友，并通过有意义的工作和幸福的婚姻为人们做出贡献，他将永远不会感到自卑，也不会被他人击败。他会觉得自己生活在一个美好的世界里，周围都是自己喜欢的人，自己也对所有的同伴一样友好。他会觉得："这个世界，就是我的世界。我对它有义务，而且我必须要行动起来参与其中，而不是期待他人为我付出。"他将会完全相信，自己所处的时代，只是人类历史上的一个阶段而已，这正是他实现自己的创造力并为人类发展做出贡献的好时机。他还会相信，世界确实存在邪恶和困难，偏见和灾难，但它的优点和缺点都属于全人类，我们在这个世界中生存，就是为了改善它而不懈努力。而且，他还会坚信，只要采用正确的方法，每个人都可以为改善世界发挥自己的作用。

承担自己的任务，意味着以合作方式完成生命的三大任务。我们对一个人所有的要求，以及我们能赋予一个人最高的赞美，莫过于："他是一个好同事，是所有人的朋友，是婚姻家庭生活里真正的伙伴。简而言之，我们可以说，他应该证明他是一个'真正的人'。"

爱情和婚姻

What Life Could Mean to You

第十二章

爱情、合作和社会兴趣的重要性

在德国某个地区有一种古老的风俗，人们用它来检测订婚了的情侣是否适合婚姻生活。在结婚典礼之前，新娘和新郎会被带至一片空地，那里放着一棵被砍倒的树，他们会拿到一个双柄锯，合作将树干锯成两段。通过这项任务，就可以看出来他们之间的合作程度，因为这是需要两个人共同完成的任务。如果他们之间没有信任，不懂得配合彼此，他们就会像拔河一样互相拉扯，无法完成任务。如果一方想要自己带头，认为另一方会做不好，或显示出自己的能力有多高超，他就会独断专行地主宰一切，这时即使另一方做出让步，这项任务也将需要两倍于正常的时间。要想在正常时间内完成任务，他们双方都必须主动出力，互相配合，这些朴素的道理被德国村民深知，而这种合作，也正是婚姻的主要先决条件。

如果有人问我："爱情和婚姻意味着什么？"

我会这么来回答："爱情，是在婚姻里实现的，是一方对另一方最亲密的奉献，表现为性吸引、互相陪伴，以及生育子嗣的决定。爱情和婚姻对人的合作至关重要，这不仅是为了两个人的幸福而进行的合作，而是为了全人类的幸福而进行的合作。"虽然，我的答案不够完整，但也涉及了婚恋问题的很多方面。

性吸引，是人类所有的冲动中最重要的，也是人类生存发展的基础。正如我经常解释的那样，人类的身体并非十全十美，和动物相比，不具备相应的在恶劣自然环境中生存的器官功能。因此，维护人类生命的主要方式，就是繁殖后代，生育和追求性吸引就由此显得至关重要。

在我们这个时代，婚恋问题时常引出各种难题和分歧，除了夫妻双方需要面对它们，父母也为之操心，甚至整个社会都牵连其中。如果我们希望得到一个正确的结论，我们的讨论方法务必是客观公正的，我们必须摒弃陈旧的观念，去做充分的调查，避免其他因素干扰调查的完整性和自由性。

当然，这并不意味着要把婚恋视为一个完全孤立的问题。一个人永远也不能单纯依照自己的想法来解决生活问题，每个人都受制于三种明确的关系，所有的生存发展都必须发生在一个明确的框架里，做出的所有决定也必须要符合这个框架。我们不妨再重温一下这三大关系的关键：我们生活在宇宙中的一个特殊之地，而非其他地方，我们身处的环境具有制约和可能性，我们必须从中获取生存和发展的机会；我们和其他人共同生活在这个环境中，我们必须学会适应他们；我们生活在两性关系之中，它决定着我们人类的未来。

这三种关系是相互交融的，如果一个人对自己的同类和全人类的福祉感兴趣，他做的每件事都将会以人类的利益为出发点。因此，他解决婚恋问题时，会将同类的利益考虑在内。他或许不能非常细致地讲述他的目标，但他会自发地为了人类的福祉而进步，他的兴趣也会表现在他所有的行动中。

有些人并不关心人类的福祉，他们关心的是“人活着有什么用？我能从生活中得到些什么？它以什么回馈我？其他人会给予我足够的关注吗？我会被人欣赏吗？”如果一个人以这种态度面对社会生活，他也会以同样的方式解决婚恋问题，他将总不断问自己：“这段感情对我有什么好处？”

和一些心理学家的观点不同，我认为爱情不是一个与生俱来的纯粹的自然功能。性是生理的欲望或本能，但是婚恋问题绝非仅仅是为了满足本能那么简单。无论我们从哪个方面去看，我们都会发现，我们的欲望和本能得到了发展和培养，变得更加文明。我们已经抑制了一些欲望和天性，我们学会了相处之道，学会了不冒犯他人，和平共处。我们是有羞耻心的，学会了让自己看起来得体，而且讲究卫生。甚至我们的饮食，也不仅仅是为了消除饥饿，我们开发出了各种美食，以及用餐的礼仪。我们的欲望已经变得符合我们的共同文化，而这些改变都反映出，为了人类福祉和社会生活，我们一直在努力。

如果我们这样去理解婚恋问题，我们将看到婚恋问题必须要考虑到整体的利益，并且这种对同类的兴趣，占据着首要地位。在解决婚恋问题时，只有从人类整体的利益出发，才会有利于对婚恋问题展开探讨，提出化解矛盾的正确方法，并制定出婚姻制度的规定。我们会一直进步，会不断发现解决这个问题的更圆满的答案，但如果我们获得了更好的答案，那一定因为我们充分考虑到这一事实——我们生活在两性关系之中，生活在地球之上，各种连接必不可缺。只要我们的答案预先考虑到了这些条件，那么答案中蕴含的真理永远颠扑不破。

平等的伙伴关系

如果我们采取了上述方法，我们在婚恋问题中的第一个发现将是：婚恋生活，是两个个体的共同任务，对很多人来说，这是一个全新的任务。我们早年接受的教育中，有些是教我们独立去工作，也有些是教我们以集体的方式去工作，但很少有人来教导我们，两个人如何以婚恋方式共同工作。因此，婚恋问题其实是向我们提出了一个新的合作问题。如果这两个个体都对人类感兴趣，这个问题就很容易得到解决，因为他们将会很容易学会对彼此感兴趣。

为了彻底解决两个个体之间的合作问题，一方对另一方的兴趣，应该超过自己对自己的兴趣，这是婚恋生活成功的唯一基础。以此作参照，我们就会看见许多关于婚姻的看法和改革建议，都是错误的。

如果双方对彼此的兴趣，都超过了对自己的兴趣，那么他们之间一定是平等的。如果彼此之间能毫无保留地为对方做出奉献，那么就不会有任何一方觉得自己受到了压制，或生活在另外一个人的阴影之下。只有双方都采取这种态度，平等才可能实现，换句话说，每一方都应该努力去让另外一方过得舒适、有趣。只有这样，双方才会都觉得安全有保障，觉得自己是有价值的、被需要的。在这里，我们看到了婚姻的根本保障，这也是两性关系中，幸福的根本意义：**幸福婚姻的根本意义，就是让你觉得自己是有价值的，不可被取代的，你的伴侣需要你，并且你做得很好，你是对方的同伴，是一位真正的朋友。**

在婚姻这种合作任务中，任何一方都不会愿意处于从属地位。如果一方希望控制并强迫另一方服从，两个人就不能共同生活在一起。而在我们现在的文化中，许多男人（事实上也包括很多女人）都相信，男人是一家之主，管理统治家庭生活，并起着引导作用。这就是很多不幸婚姻产生的原因。

没有人可以忍受低人一等的地位，没有人会在被人压制下却不心生愤怒和厌恶。同类之间必须是平等的，只有这样，他们才能齐心协力找到解决困难的办法。比如，一对夫妻都同意要孩子，因为他们知道，没有孩子的话，他们就不能实现自己为人类未来做出的承诺，同样，他们也会在孩子的教育问题上达成共识。当婚姻中出现了困难，他们会积极去解决，因为他们知道，如果婚姻不幸，会殃及孩子的健康成长。

为婚姻做出的准备

在我们今天的文明中，人们往往没有做好合作的准备。我们受到的训练都是为了获得个人成功，为了从生活中获得什么，而不是我们能给予什么。我们不难理解，婚姻意味着两个个体亲密地生活在一起，如果合作能力达不到一定程度的话，会给婚姻带来严重的影响。大部分人都是第一次经历婚姻关系，他们不习惯顾及对方的兴趣、目标、希望和理想，他们没有为夫妻的共同任务做好准备。因此，看见人们的婚姻中出现很多错误，我们不应该感到吃惊，而是可以研究分析这些现象，学习如何在将来避免这些错误。

生活方式、父母和对待婚姻的态度

我们面对成人生活中的每一次危机时都会参考过往的经验。我们总是依照我们的生活方式做出反应，而生活方式的培养并非短期行为。

同样，对于婚姻生活的准备，也并非一夜之间训练出来的，而是很早就开始了。在一个孩子的行为特征、态度、思想和举止中，我们能看出来这个孩子是如何为成人生活进行自我训练的。孩子对待爱情的方式，在五六岁时就已经建立起来了。

在孩子成长的早期，我们可以看到，他逐渐形成着自己的婚恋观。这并非是指他表现出了成人意义上的性冲动，而是指他正在对它的某一方面形成了自己的思维，他对爱情和婚姻有了些了解，产生了看待它们的立场。爱情和婚姻反映了他所处的环境的特征，他对自身未来的认知中，也包含了这些特征。

当一个孩子显示出对异性的兴趣、并选择自己喜欢的异性伙伴时，我们不应该将此视为一种错误，更不要认为这是一件可怕的事，或称之为性早熟。对待孩子，我们不要嘲笑，或严厉地呵斥，我们应该将此看作是孩子在为未来的爱情和婚姻做着准备。

我们不仅要重视这种现象，还要赞同孩子，让孩子相信爱情和婚姻都是了不起的任务，是他应该为此做准备的任务，还是为了全人类的利益而完成的任务。只有这样，我们才能在孩子的意识中植入一种对婚恋的理想，当孩子长大后，遇见自己的另一半时，他们就已经为亲密奉献关系做好了准备，愿意成为对方的朋友和伴侣。

如果父母关系和谐幸福，孩子们在婚恋上的准备将会更完备。孩子对婚姻最早的印象，就来自于自己父母的关系。大部分生活失败者，来自于婚姻不幸的家庭，如果父母本身不能很好地合作，他们也不可能教会孩子如何合作。我们判断一个孩子是否适合婚姻，需要先得知他是否受到了良好家庭生活的熏陶，并观察他对父母以及兄弟姐妹的态度。最重要的一点，要知道他的婚恋观来自于何处。在这一点上，我们必须要慎重，因为一个人不是由他的环境决定的，而是由他对环境的阐释决定的。

他也许生活在父母婚姻不和谐的家庭中，但这激励了他在自己的家庭生活中做得更好，避免自己的孩子经历他曾经历过的一切。如果他这样阐释自己的环境，他也许会努力训练自己，为婚恋做出更好的准备。我们永远也不要因为一个人小时候过着不幸的家庭生活，就对他有偏见，或去排挤他。

友谊和职业的重要性

友谊是培养社会兴趣的方式之一。在友谊中，我们学会用对方的眼睛和耳朵去看、去听，用对方的心去感受。如果一个孩子总是受到挫折，或者总是被过度保护和关注，再或者在孤立无援中长大，没有同伴和朋友，那么他难以发展出共情能力，难以设身处地为他人着想，他会认为自己是世上最重要的人，并且总是渴望保护自己的利益。

培养友谊也是在为婚姻做准备。对孩子来说，做游戏就是种很好的合作训练，但在孩子玩的游戏中，我们经常能发现互相竞争和求胜的渴望，这不利于合作能力的发展。因此，给孩子创造一个共同学习的情景，对他们的身心健康发展是非常有益的。

在与孩子有关的各种活动中，我认为跳舞是很值得学习的。跳舞是人们合作完成一项共同的任务，训练孩子学习跳舞，对他们合作能力的发展是极有帮助的。

一个人解决职业问题的方式，也能向我们展示出其对婚姻做出的准备。我们现在的社会认为，人们应该先解决工作问题，再去考虑婚姻问题。父母中至少一方应该有工作，以便赚钱谋生支撑起一个家庭。因此我们可以认为，正确的婚姻准备，必然包括正确的职业准备。

性教育

我从来不鼓励父母对孩子过早地解释性关系，或对他们讲解超过他们理解能力的性知识。孩子看待婚姻的方式至关重要，如果在这个话题上受到了错误的教导，他就会将其看作是危险或无法解决的事。根据我的经验，在 4 至 6 岁时接触到成人性教育的孩子，和因性早熟而过早体验到性冲动的孩子，成年后对爱情总是更加恐惧，身体吸引对他们充满了危险。如果能在孩子更大一些时再让他接触到性知识和性冲动的体验，他就不会对爱情如此恐惧，因为这时他的理解能力更高，在性关系中犯错误的可能性也较低。

要想真正帮助孩子形成正确的两性关系认知，关键是不要对孩子撒谎，永远不要回避他们的问题，要去发现并理解他问题背后的心理。过多的性知识会对孩子造成不良影响，很多问题最好等孩子有了独立能力的时候，再去学习。如果孩子和父母之间存在信任，能彼此顺畅地交流，父母也愿意像朋友一样帮助孩子，孩子在这方面就不会出现危险。

还有些人会认为，孩子们可能在性方面会受到同龄人的误导。其实，受到良好的合作教育并且独立自主的孩子，是绝不会被别人言行影响的，至少我没见过哪个健康的孩子会因此受到伤害的。孩子们不会不加选择地吸收同龄人说出的一切，他们具备基本的批判性思维，而且如果他们不是很确信的话，他们通常会向自己的哥姐或父母请教。我发现，孩子们在这些问题上，比大人们更小心机智。

伴侣选择的影响因素

成年时期的性吸引，可以追溯到童年。童年阶段，孩子获得的关于同情心和吸引力的印象，以及身边异性带给他们的印象，这些都是性吸引的萌芽。如果一个男孩从母亲、姐妹或其他女性身上获得了这些印象，他成年后对他构成吸引的女性，依然会受到早期印象的影响。一般来说，他会选择和他早期环境中的这些成员相似的女性。有时候，他也会受到艺术创造的影响，在艺术作品中，他形成了自己个人的审美理想，并被这种美所吸引。所以，一个人在成年后做出的选择，并不是漫无目的地自由选择，而是在他成长过程的影响下做出的选择。

我们审美情感的基础，来自我们对健康之美以及人类进步的渴望。我们所有的功能和能力，都指向这个方向，谁都无法逃离它的影响。我们通常认为，那些指向永恒的事物是美的；那些有利于人类和未来的事物，也是美的；那些我们希望自己孩子能走的路，还是美的。这就是美，它总是吸引着我们。

如果一个男孩和自己的母亲关系紧张，或一个女孩和自己的父亲关系紧张，他们成年后会寻找与父母完全相反的伴侣类型。例如，如果男孩的母亲总是数落呵斥他，如果他软弱而且害怕被主宰，他也许会发现，那些不强势的女性对自己具有吸引力。但这种心理，有时也会让人走向另一个极端，他也许会找一个看起来很强大的伴侣，要么是因为他更喜欢有力量的人或事，要么是他想通过征服她证明自己的力量。如果他和母亲的分歧非常严重，他对婚恋的心理准备也会受到阻碍，甚至异性对他的感官吸引也会停滞不前。这种心理障碍的程度不一，但最严重的情况，会导致他完全排斥异性。

婚姻中的承诺和责任

最糟糕的婚恋准备，是单纯寻求自己的利益。如果他受到这种训练，他所想的便只有从生活中得到让自己高兴的事物。他不想受到束缚或承担责任，总是要求自由和轻松的待遇，从来不会去考虑他如何做，才能为自己的伴侣带来轻松丰富的生活。这是灾难性的婚恋观。我将此比喻成试图从马尾巴给马套缰绳的人，这虽然算不上一种罪，但却是一种本末倒置的错误的婚恋观。因此，在为婚恋做准备时，我们不应该总想着舒适轻松或逃避责任。

如果伴侣关系中存在猜疑和犹疑，这份关系也不会牢固。伴侣之间的合作，需要的是终身厮守的承诺，只有有着坚定承诺的婚姻，才可能是真正幸福的婚姻。在这份承诺里，双方共同决定生养后代，培养孩子合作能力，将他们塑造成真正的社会型人类，使其成为有担当的成员。良好的婚姻是养育下一代的最好方式，这是所有婚姻应该参照的目标。婚姻是项真正的任务，它有自己的规则和定律，我们不能选择服从某部分而逃避其他部分，不能只享受而不尽义务，不能生而不养或养而不教，这都违反了“合作”这一永恒的生存法则。

如果我们将婚姻看作一场阶段性试验，比如把责任限期设定为5年，必然不会出现真正亲密无私和真心投入的婚姻关系。如果男人或女人想要给自己留条后路，他们就不会全力以赴来解决婚姻的任务。在任何严肃重要的任务中，我们都不应该安排这种“后路”，我们也不能给感情设置期限。有些人本着善良的动机，想要为婚姻寻找替代物，但是他们实际是在误入歧途，他们提出的替代方案，会让想要进入婚姻的人们心生退意，因为这些建议将会让他们在共同任务中，逃避自己应尽的职责。

人活着，就要面对很多困难，这些困难会让许多人难以用正确方法解决婚恋问题，让他们感到心有余而力不足。然而，我不希望大家以抛弃婚恋为代价，我希望我们能解决困难，并且保持一个伴侣应该具备的特质：忠诚，真心实意，值得信赖，毫无保留，不自私自利。

常用的逃避手段

如果一个人认为不忠无非就是生活的一部分，证明他对婚姻还没有做好准备。如果双方都想保持自己的所谓“自由”，那么婚姻中就不可能存在真正的陪伴。婚姻不是简单的伙伴关系，即使在伙伴关系中，我们也无法在任何方面都随心所欲，因为我们对合作做出了承诺。

让我举一个例子，看一个不符合婚姻及人类福祉的协议，是如何伤害双方的。

有这么一个真实案例，两个都离过婚的男女组建了家庭。他们都是有素质有文化的人，非常希望他们的婚姻会比上一次婚姻更好。然而，他们却都不知道对方的第一次婚姻是如何走向终结的。他们在寻求改善婚姻模式，却没有意识到他们实际缺乏的是社会兴趣。他们都自称为自由主义者，思想开放现代，希望婚姻生活简单轻松，希望双方都不会觉得无聊，因此他们提议，双方在婚姻的各个方面都享有完全的自由，可以做任何自己想做的事，但他们应该彼此完全信任，会告诉对方自己所做的任何事。

在这一点上，丈夫似乎更为主动勇敢。每当他回到家里，他都会告诉妻子许多有趣的暧昧经历，她似乎也很喜欢听到这些事，觉得自己的丈夫很有魅力。她也总是想要开始一段暧昧关系或婚外恋，但在她迈出第一步之前，她患上了广场恐惧症。她无法独自出门，她的神经症迫使她只能待在家里，哪怕走出家门一步，她都会感到很害怕。广场恐惧症阻止了她去实行她的决定，但影响还不止如此。最后，由于她不能独自出门，她丈夫不得不留在她身边。事情发展到这里，他们的协议已经与婚姻的内在逻辑不吻合了。从那以后，丈夫不再能自由自在，因为他必须要和妻子在一起。而妻子也不能再享受她的自由，因为她不敢单独出去。如果要治愈这位女性，她就必须要更好地理解婚姻，丈夫也必须要把婚姻视为一种合作关系。

婚姻中的很多错误，都是在婚姻的最初阶段犯下的。在家被溺爱的孩子，婚后往往会觉得自己被忽视了，他没有得到适应社会的训练，不懂得在婚姻中调整自我。被溺爱的孩子，也许还会在婚姻中成为一个独裁者，而另外一方则会觉得自己是个受害者，并会开始反抗。如果是两个被溺爱的人组建了家庭，结果往往令人玩味，他们每个人都会要求得到对方全部的关注和兴趣，但没有一个人觉得满足。接下来，他们就会寻求逃避的方式，比如在婚外开始与他人暧昧，希望因此得到更多关注。

还有些人不能只爱一个人，他们必须同时脚踩两只船，只有这样他们才觉得自由。他们喜欢从这个人逃到那个人的过程，但从来不会完全承担起婚恋的责任，同时爱两个等于两个都不爱。

有些人会幻想浪漫、完美或无法实现的爱情，他们因此可以有更丰富的感受。总是憧憬理想化的爱情对象，会让人排斥现实中的追求者，因为没人能够达到这些要求。

很多人因为成长过程中形成的错误观点，训练自己厌恶或拒绝自己的性别角色。他们抑制自己的自然生理功能，如果不经治疗的话，他们无法在生理上成功过上正常的婚姻生活。这就是我所说的“男性钦羡”，它的形成大多是因为我们的文化过度强调男性的价值。如果孩子们对自身的性别角色很困惑，他们会有不安全感。只要男性角色依然被视为是主宰角色，无论男孩还是女孩，就都会羡慕男性角色。男孩会怀疑自己实现这一角色的能力，会过分强调男性特质的重要性，面对考验的时候会选择逃避，因为他们担心出丑。

在我们的文化中，拒绝认同自身性别角色，或对自身的性别角色心怀不满的现象，时有发生。女性性冷淡和男性心理性阳痿，也许都属于这种情况。在这些情况中，都存在对婚恋的抵制，以及对自身必须在社会生活中所扮演的角色的抵制。除非我们真的觉得男女平等，才会消除这种生活现象，只要人类社会的任一性别对自身所处地位不满意，婚姻的成功就会存在巨大障碍。为此，我们所能采取的补救措施，就是提倡男女平等，而且我们要让孩子对自己未来的性别角色，有着清楚的认知。

在这里有个建议，我认为避免婚前发生性行为，会让婚恋关系更加亲密无间、乐于奉献。大多数男人并不喜欢自己的爱人在婚前有性行为，有时候，他们认为这是一种轻浮的表现，并且对此感到气愤。在我们的文化中，婚前性行为给女性造成的情感负担往往更大。

如果一段婚姻缔结的基础，是出于恐惧而非勇气，那么这段婚姻也会是个巨大的错误。我们都知道，合作需要勇气，如果男性或女性是出于恐惧而选择的伴侣，这就说明他们不希望进行真正的合作。当他们选择酗酒者、社会地位或教育程度远远低于自己的人作为伴侣时，其实也是出于恐惧不安的原因。他们对婚恋心怀恐惧，希望建立能让伴侣仰视、能让自己产生优越感的婚姻关系。

恋爱追求

通过一个人对待异性的方式，我们能发现他是不是个有勇气的人，是不是拥有很好的合作能力。每个人在追求配偶时，都有自己独特的方法，而这些方法都和他的生活方式相符。因此，从恋爱风格中，我们能够看出很多信息，比如他是否愿意要孩子，是否自信并具有合作精神，是否只对自己感兴趣，是否会怯场，是否会用“我给别人营造出什么样的印象？他们会怎么看待我？”这样的问题折磨自己。

一个男性在追求配偶时，也许会很小心谨慎，也许会很大胆轻率，但无论是哪种情况，他的恋爱风格都和他的婚姻目标以及生活方式相符，是其人格的一种表现。不过，我们却不能根据一个人的追求方式，来判断他是否适合婚姻，因为在追求过程中，他眼前有一个明确而直接的目标，他所有的行为都是有针对性的，而婚姻生活在很多方面并没有明确的目标，他可能会优柔寡断。不过，虽然我们无法断言其对婚姻的适合程度，却依然可以从中看出他的人格。

在我们的文化习惯中，人们通常认为，男性应该是主动表达爱慕之情的那一方。因此，只要这种文化习惯依然存在，我们就有必要培养男孩的男人风度——主动勇敢，不要犹豫不决或逃避退缩。然而，只有当他们觉得自己是整个社会的一部分、并且充分接受社会生活的利弊时，他们才能受到有效的训练。当然，女性也会加入追求者的队伍，她们也可以主动。但我们现今的文化习惯却让她们觉得，她们应该更矜持保守，将自己的爱意藏在心中，于是，她们会通过自己的衣着打扮、动作、看听说的方式表达出来。

可以说，男性的方式要简单直白，而女性的方式则更隐蔽复杂，婉转细腻。

经营婚姻

婚姻中的性

伴侣之间的性吸引是在所难免的，但这种吸引，应该总是和造福于人类的目标相一致。如果伴侣双方都真正对彼此感兴趣，他们之间的性吸引永不会消失。性吸引的消失，意味着他们对彼此的兴趣不足，表明这个人不再以平等友好、合作互助的态度对待自己的伴侣，不再希望去满足伴侣的生活。有时候人们会认为，他们对彼此的兴趣依然存在，只是没了性吸引力，但这并不是真相。嘴巴会说谎，大脑会打盹，但身体功能总是很诚实的。如果身体功能下降了，这就说明双方之间出现了分歧，貌合神离，他们已经对彼此失去了兴趣，至少其中一人是这样的。产生厌烦心理的一方，会不再希望继续承担婚姻任务，而是寻求回避或逃避。

另一方面，人类的性行为和其他物种的性欲不同。人类的性欲是连续性的，这是为了保障人类福祉和生命延续的一种方式，人类通过这种方式来繁衍生息，增加人口数量，而人数的增加，则为人类的繁荣和发展提供了保障。与人类相比，其他物种会采取不同的方式繁衍生息，比如我们发现，很多雌性动物会大量产卵，但很多卵从未获得发育成熟的机会，因为它们中的大多数还没成熟就被遗失或毁坏了，但因为卵的数量巨大，确保了一部分卵会存活下来。

对人类来说，保障物种存在的方法之一，就是生儿育女。我们发现，有着正确的婚姻观、自发地关心人类福祉的人，总是愿意生育后代的，而那些对人类福祉不感兴趣的人（无论是有意还是无意为之），都不愿意承担生儿育女的职责。如果他们只知道索取，不愿付出，他们自然不会喜欢孩子，而是只对自己感兴趣。他们会认为孩子是累赘，讨人嫌，有了孩子他们不得不牺牲自己的时间和精力，不能为自己活。因此我们可以说，要想全面解决婚恋问题，生孩子是必要的。良好的婚姻，是培养人类后代的最佳方法，夫妻双方应该随时牢记这一点。

一夫一妻制、努力工作以及现实态度

在我们的社会生活中，一夫一妻制是解决婚恋问题的最实际方法。任何想要开始这种亲密关系的人，任何对另外一个人萌发兴趣的人，都不能违背一夫一妻制这个基础制度。我们知道，婚姻关系也可能会中断，而且不幸的是，我们不能避免这种现象，但是，如果我们将婚姻视为我们面对的社会任务，婚姻的破裂就可以避免。

婚姻破裂通常发生的原因，是因为伴侣双方没有全力以赴投入到婚姻中，他们不是在主动建设婚姻，而是在被动地等待从婚姻中得到什么。如果他们这样面对婚姻，他们当然会婚姻失败。将婚姻视为天堂，是种错误的观点，将婚姻视为爱情故事的圆满结局，也是同样错误的。当两个人步入婚姻殿堂时，才是他们关系的开始。在婚姻期间，他们会面对真正的现实问题，也面临着为社会奉献的机会。

将婚姻视为目的和目标，这种观点在我们的文化中大行其道。我们可以在很多文学作品中看见这种观点，在这些小说的结尾，男人和女人结婚了，开始了他们的生活。这种情景就好

像是在暗示，结婚就意味着所有问题都圆满解决了，好像他们的生活任务已经完成了。但事实并不是这样的，一个需要我们重新认识的重要观点就是：爱情本身并不能解决所有问题。想要拥有美满的婚姻，双方最好依靠工作、兴趣和互助合作来经营婚姻。

婚姻关系中没有任何奇迹可言。每个人对待婚姻的态度，都是他生活方式的表现，如果我们能理解这个人的生活方式，我们就能理解他对婚姻的态度，除此以外没有别的可能。他的态度和他努力的目标是相符的，因此，我们便能明白，为何那么多人总是逃避婚姻责任或寻求解脱，通常持有这种态度的人，是在溺爱中长大的人。在我们的社会活动中，这类养尊处优的成年人心理极端不成熟，是极危险的人群。

这类人在四五岁的时候，就已经养成一种生活方式以及认知规律："我能得到我想要的一切。"如果他们无法获得满足，他们就认为生活毫无意义。他们会质问："如果我不能要什么有什么，活着有什么意思？"一旦在这方面受挫，他们会变得非常悲观，甚至厌世；他们会故意将自己弄病，让自己得上神经症；他们会从自己错误的生活方式中总结出一套生活哲学，当然都是些歪理邪说；他们不会承认自己对生活的看法是错误的，反而认为自己的观点独特而重要；他们会认为如果自己必须压抑自己的欲望和情绪，那么这世界就是令人怨恨、充满敌意的。对于这些人而言，他们从小养成的认知规律就是如此，他们曾经在生活中要风得风要雨得雨，如今虽已成人，他们中的有些人依然觉得，如果自己不停地哭闹，不停地抗议，拒绝合作，他们将会如愿以偿。他们不理会整体社会生活各个方面的一致性，只强调他们自己的个人兴趣。

这种认知带来的行为结果就是，他们不想贡献，却希望自己应有尽有。婚姻于他们而言，就是一场试试看的游戏而已，不行的话就散，他们更想要的是同居、试婚或随意离婚。在婚姻一开始，他们就会要求各种自由，甚至由着性子出轨或外遇。如果一个人真正对伴侣感兴趣，他一定具备所有和这一兴趣相符的特征：真心实意，是个好朋友，有责任心，忠贞不渝，值得信赖。我相信，如果一个人的爱情或婚姻不成功，那么他应该明白，在这一点上他犯了错误。

在婚姻中考虑到孩子的幸福，也是必须做到的。如果两个人的婚姻观和我所描述的不一致，那么他们抚养孩子时就会遇到极大的困难。如果父母吵架，视婚姻为儿戏，如果他们不认为婚姻中的问题是可以合作解决的，不认为婚姻关系是可以天长地久的，这样的家庭环境不利于培养孩子的社会感。

解决婚姻问题

人们为什么会离婚？也许在某些情况下，离婚反而是更好的选择。但谁应该来决定这些情况的标准？将决定权交给那些有着错误生活意义的人？交给那些不明白婚姻是共同任务的人？还是交给那些只对自己感兴趣的人？他们显然会以他们自己看待婚姻的方法，来看待离婚：“离婚会带给我什么好处？”这些人，都不是能做决定的合适人选。你会经常看到这类人结婚、离婚，然后再婚，却总是在重复同样的错误。

那么，谁应该决定该不该离婚？也许有人认为，心理医生是专业人士，可以决定一份婚姻是否应该结束。但这样也是不合适的，至少在欧洲，我发现大多数心理医生认为，个人幸福至高无上。因此，如果咨询他们的话，他们通常会建议患者另找一个情人或性伴侣，并且认为这是解决婚姻问题的最好方法。我相信，他们有一天会改变主意的，不再做出这种尴尬的推荐。但如果，他们对生命三大任务的一致性上没有正确的认识，他们也只能提出这样的解决方案。

将婚姻视为解决个人问题的方法，也同样是一种错误。在欧洲，如果是年轻男孩或女孩患上神经症，精神病医生经常建议他们找一个恋人并开始性关系，而他们给成年人的建议也与之类似。这是将爱情和婚姻变成了治疗个人问题的特效药，其结果注定对这些人无效。原因在于，正确解决婚恋问题的方式，是拥有完善完整的人格。没有哪种生活问题，能比婚姻更密切地涉及幸福和真实的生活意义，我们不能把它当作儿戏。我们不能将爱情和婚姻视为挽救罪犯、酗酒者和神经症患者的措施。神经症患者在开始爱情或婚姻之前，需要先得到治疗，如果他还不具备正确对待它们的能力，就贸然开始了婚恋关系，注定会遇到新阻碍和不幸。婚姻非常神圣，而要想实现婚姻任务，就要求我们付出更多的努力，实践更多的建设性活动，而这些过程中，是承载不了神经症人格带来的格外负担的。

同样，错误的方式还包括怀着不正当的目的而结婚。有些人为了获得经济保障而结婚，有的人是因为同情某个人而结婚，也有人是为了找个照顾自己的人而结婚。婚姻不是开这种玩笑的场景，但总有人为了各种目的选择结婚，比如一个年轻男子在事业中遇到了困难，他感觉自己未来可能不会获得成功，于是他选择去结婚，承担了额外的生活任务，他这么做，只是为了证明一旦事业失败并不是自己的错，而是婚姻牵绊住了他。

婚姻以及男女平等

我们不应该贬低或忽略婚姻的重要性，而应该更加珍视它，在发生问题时积极补救。但遗憾的是，在我所听到过的补救婚姻的建议中，女性总是要承受一些不利。毫无疑问，在我们的文化中，男性应该过得逍遥自在，这也是我们文化中的常见错误。只靠个人抗争，是改变不了这种局面的，尤其对婚姻本身来说，个人抗争既破坏夫妻关系，也会损害伴侣的利益。只有认识并改变我们文化中男女不平等的态度，女性的地位才会提高。

我的一位学生是底特律大学的瑞斯教授，她进行了一项调查，结果发现42%的受访女孩希望自己是男性，这意味着她们对自身性别不满。如果人类社会的一半成员对自身地位感到沮丧不满，抗议另外一半成员拥有更多的自由和机会，这样的环境下，人们会有可能解决婚姻问题吗？或者，如果女性总是甘愿自降身价，相信他们是男性的性玩物，或认为男性的善变不忠是天生的，婚姻问题能被轻易解决吗？

从我们谈论的所有事情中，我们可以得出一个简单明了但很实用的结论：我们生活在这个星球上，都是平等的成员，但我们却被划分为了两性。人类的天性本来既非倾向一夫一妻制也非倾向一夫多妻制，是人们在完成生命的三大任务的过程中，逐渐意识到一夫一妻制度，是最先进的婚恋生活方式，能最好地保证个体在婚姻家庭生活中，获得最充分的发展。

武志红主编

可以让你变得更好的心理学书

《我们内心的冲突》

[美]卡伦·霍妮 著

每个人都有内心冲突，但什么样的冲突会导致心理疾病呢？这些冲突是如何形成的，怎样才能从这些冲突中突围呢？
本书是世界著名心理学家和精神病学家卡伦·霍妮的代表作，导读则是在中国享有盛誉的资深心理咨询师、畅销书作家武志红。

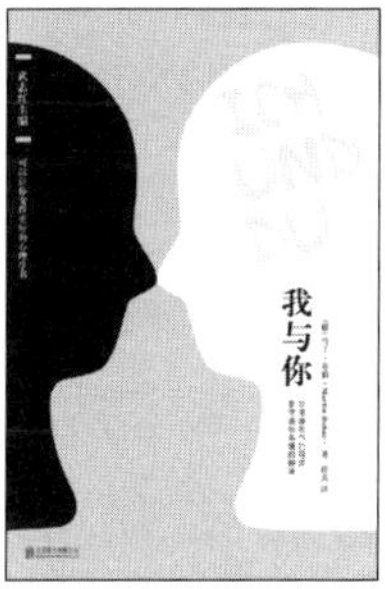

《我与你》

[德]马丁·布伯 著

《我与你》是二十世纪最伟大的哲学家之一的马丁·布伯的代表性作品；武志红老师主编和精彩导读。武志红说：“一直以来，对我影响最重要的一本书，是马丁·布伯的《我与你》。”

《恐惧给你的礼物》

[美]加文·德·贝克尔 著

一本心理学奇书。用惊心动魄的故事，凝视人性的深渊。教你依靠直觉，瞬间看透人心。这本书是每个人必备的生存手册，是加文·德·贝克尔亲身经历和丰富经验的真实总结。它史无前例提出的危险预测法，在关键时刻可以救你的命。武志红老师主编和精彩导读。

《自卑与超越》

[奥]阿尔弗雷德·阿德勒 著

《自卑与超越》是个体心理学的先驱——阿尔弗雷德·阿德勒的代表作品，是人类个体心理学经典著作。
武志红老师主编和精彩导读。

武志红主编

可以让你变得更好的心理学书

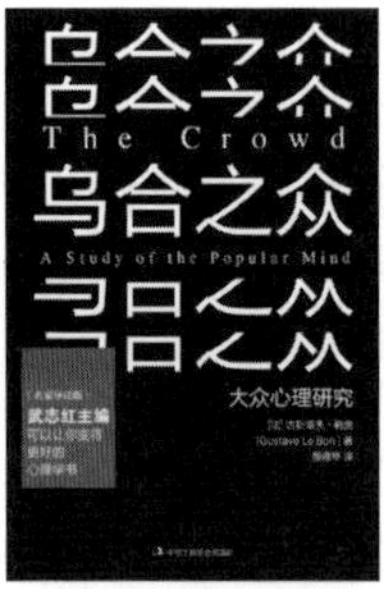

《乌合之众》

[法]古斯塔夫·勒庞 著

《乌合之众》是群体心理学的巅峰之作；弗洛伊德、荣格、托克维尔等心理学大师，和罗斯福、丘吉尔、戴高乐等政治家都深受该书影响。

武志红老师主编和精彩导读。

《这样想，你才不焦虑》

[美]亚伦·T.贝克 [加]大卫·A.克拉克 著

认知心理疗法的权威作品，让人们远离焦虑困扰。

武志红老师主编和精彩导读。